Anabole Steroide

Chemie und Pharmakologie

G. A. Overbeek

Springer-Verlag Berlin Heidelberg GmbH 1966

Dr. G. A. Overbeek, N. V. Organon, Kloosterstraat 6, Oss, Holland

 Library of Congress Catalog Card Number 66-22706

Ursprünglich erschienen bei Springer-Verlag Berlin · Heidelberg New York 1966

ISBN 978-3-540-03633-3 **ISBN 978-3-642-85573-3 (eBook)**
DOI 10.1007/978-3-642-85573-3

Titel-Nr. 1344

Inhaltsverzeichnis

I. Einleitung

"What's in a name?"
W. Shakespeare

Das Schreiben einer mehr oder weniger ausführlichen Übersicht über ein bestimmtes Gebiet verpflichtet den Autor selbstverständlich, gleich in den ersten Sätzen anzukündigen, worum es sich bei seiner Darstellung handeln soll. Wenn es sich um die Beschreibung der anabolen Steroide handelt, so ist dies jedoch keineswegs einfach. Schon die Fixierung des Begriffes „Steroide" ist offensichtlich so schwierig, daß sogar Fieser, dessen Kapazität auf dem Steroidgebiet doch unbestritten ist, in seinem Buch „Steroide" keine Definition dafür gibt. Vor 1950 war es mehr oder weniger die allgemeine Lehrmeinung, daß Steroide Derivate des 2β,4bβ-Dimethyl-1β,2α-cyclopentano-4aα,8α, 10aβ-perhydrophenanthrens sind. Wenn man diese einschließlich der zwei Methylgruppen in 2β- und 4b β-Stellung zugrunde legt, bedeutet das, daß die 19-nor-(und 18-nor-) Steroide, bei denen eine dieser Gruppen nicht vorhanden ist, nicht zu den Steroiden gehören. Aber gerade unter diesen findet man sehr wichtige anabole „Steroide".

Gleiches gilt hinsichtlich der sog. Retrosteroide, die die Bedingungen einer stereochemischen Konfiguration 4a α,4b β nicht erfüllen. Unter diesen Umständen scheint es zutreffender zu sein, die Definition weiter zu fassen und zu den Steroiden alle die Stoffe zu rechnen, die von Cyclopentanophenanthrenen ableitbar sind. Um Mißverständnissen vorzubeugen, sei schließlich darauf hingewiesen, daß die oben verwendete Numerierung der C-Atome diejenige ist, welche bei der Beschreibung von Phenanthrenderivaten angewendet wird. Zum Vergleich folgen in Abb. 1 die beiden Ringsysteme mit den verschiedenen Numerierungen:

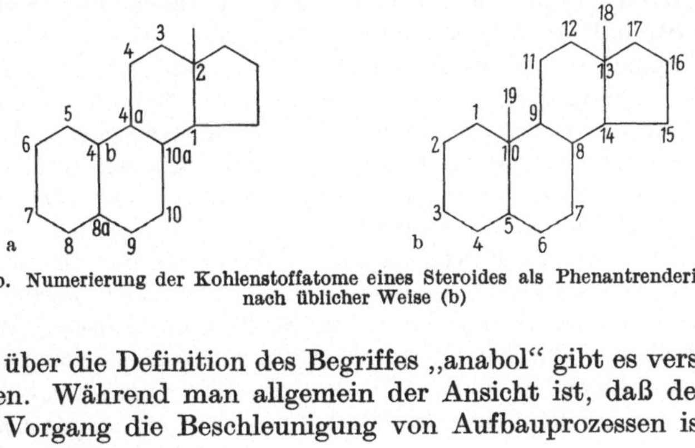

Abb. 1a u. b. Numerierung der Kohlenstoffatome eines Steroides als Phenantrenderivat (a) und nach üblicher Weise (b)

Auch über die Definition des Begriffes „anabol" gibt es verschiedene Meinungen. Während man allgemein der Ansicht ist, daß der primär wichtige Vorgang die Beschleunigung von Aufbauprozessen ist, findet man bei einigen Definitionen den Zusatz „aus Nahrungsstoffen“ oder sogar „Umsetzung in lebenden Stoff“. Abgesehen von der Tatsache, daß es „lebenden Stoff“ nicht gibt, sind die ersten zwei Teile der Definition bis zu einem gewissen Grade eine Verkennung der Tatsache, daß der Metabolismus durch ein wechselnd veränderliches Gleichgewicht zwischen Aufbau und Abbau bestimmt wird. Es handelt sich um einen metabolen „pool“, in den allerlei Bausteine von Eiweißen, Kohlenhydraten und Fetten eingehen; durch Aufbau und Ausscheidung werden aus diesem Bestandteile entnommen, durch Abbau und Nahrungsaufnahme dagegen Bestandteile zugefügt. Man darf daher nicht davon ausgehen, daß die anabolen Steroide den Aufbau fördern — aus welchen Bausteinen sei dahingestellt —, weil dann noch bewiesen werden müßte, daß sie nicht oder nicht auch Abbauprozesse hemmen. Man kann lediglich sagen, daß sie das metabole Gleichgewicht in Richtung auf den Aufbau hin verschieben. Und auch dann wird es noch notwendig sein, diese Ausführungen zu beschränken auf das *Stickstoff*-Gleichgewicht und auf den Eiweiß-Stoffwechsel, denn selbstverständlich gibt es auch einen Fett- und einen Kohlenhydratanabolismus. Es ist nur eine sprachliche Nachlässigkeit, im allgemeinen Sprachgebrauch das Wort „Eiweißanabol“ abzukürzen in „Anabol“. Tatsächlich wird Eiweiß-Anabolismus immer mit einem Fett- und (oder) Kohlenhydrat*abbau* gekoppelt sein, da von diesen Prozessen die für den Eiweißaufbau erforderliche Energie entnommen werden muß. Die Abkürzung ist jedoch so allgemeingebräuchlich geworden, daß auch wir sie weiter beibehalten werden. Doch scheint es angebracht, für das abzuhandelnde Gebiet einige Begrenzungen festzulegen. Jedem Wachstumsprozeß liegen zwangsläufig eiweißanabole Wirkungen zugrunde. Dies birgt die Gefahr in sich, daß das auf das eine oder andere Organ beschränkte Wachstum als Folge der Behandlung mit einem bestimmten Steroid dieses als ein anaboles Steroid erscheinen lassen könnte. Tatsächlich glauben Berczeller u. Kupperman in ihrer Übersicht der anabolen Steroide auch Oestrogene hierzu rechnen zu müssen, auf Grund ihrer sehr starken, selektiv wachstumsfördernden Wirkung auf Mamma, Uterus und den äußeren weiblichen Genitalapparat. Würde man auf diese Weise weiter argumentieren, müßte man selbst die nach allgemeiner Meinung als katabole Steroide anzusehenden Corticosteroide zu den anabolen Stoffen rechnen können, da sie nach Voigt und Matzelt (1962) und Apostolakis et al. (1963) den Eiweißaufbau in der Leber stimulieren. Aus diesen Gründen ist es also unumgänglich, nur dann von (eiweiß-) anabolen Effekten zu sprechen, wenn sich die Verschiebung der Stickstoffbilanz in positiver Richtung für das *gesamte* Individuum auswirkt. Dies kann natürlich nicht bedeuten, daß ausschließlich Wirkungen auf den Eiweißstoffwechsel beschrieben werden sollen. Zwar werden die Wirkungen darauf als die grundlegenden Effekte angesehen, doch werden wir uns auch mit den Folgen hieraus für andere Stoffwechselprozesse, Wachstum von Muskeln und dergleichen beschäftigen müssen. Gleicherweise wird es nicht zu vermeiden sein, auch über die Wirkungen anaboler Stoffe nichtsteroider Struktur, wie das Wachstumshormon, einiges mitzuteilen.

Dies soll jedoch nur insoweit geschehen, als es zu einem besseren Verständnis der Wirkungen dessen beitragen kann, was im folgenden als *anabole Steroide* betrachtet wird.

Die Definition dessen, was unter einem anabolen Effekt verstanden werden muß, ist notwendig für die Wahl der richtigen Methoden, um eine derartige Wirkung feststellen zu können. Damit ist aber keineswegs das Problem gelöst, ob die nach der Zuführung eines Präparates an ein intaktes Tier wahrgenommenen Wirkungen tatsächlich einer direkten anabolen Aktivität dieses Präparates zugeschrieben werden müssen. Dies ist eine offensichtliche Folge der Tatsache, daß so viele endogene Faktoren den Eiweißstoffwechsel beeinflussen. Eine Veränderung in einem oder mehreren dieser Faktoren kann zu indirekten anabolen Effekten führen, z.B. über das eigene Wachstumshormon oder die Androgenproduktion in den Gonaden oder Nebennieren. So kann auch ein Stoff, der die Produktion der katabolen Corticoide hemmt, eine positive Stickstoffbilanz erzeugen.

Wenn als Kriterium ein sekundärer Effekt gewählt würde, wie etwa die Zunahme des Körpergewichtes, wird es noch viel ungewisser, ob man es mit einem anabolen Effekt zu tun hat. Die Gewichtszunahme kann durch mehr Fett oder mehr Wasser verursacht sein. Es kann aber auch, vor allem bei Tieren, bei denen das geringere Gewicht des Weibchens ein positives weibliches Kennzeichen ist (z.B. bei der Ratte), eine Hemmung der Produktion oder der Wirkung der Oestrogene zu einer Zunahme des Körpergewichtes führen. Da viele anabole Steroide gleichzeitig die gonadotrope Funktion der Hypophyse hemmen und überdies eine periphere anti-oestrogene Wirkung haben, ist also eine Gewichtszunahme bei der weiblichen Ratte offensichtlich nicht mit Sicherheit als ein Beweis für die direkte anabole Wirkung des zugeführten Steroides anzusehen. Beim weiblichen Kastraten wird dies schon wesentlich wahrscheinlicher. In vielen anderen Fällen ist oft eine recht ausführliche Analyse der Versuchsergebnisse erforderlich, bevor man entscheiden kann, ob es sich um die Folge einer anabolen Wirkung oder anderer Aktivitäten des zu untersuchenden Stoffes handelt. Dies gilt z.B. für die später noch näher zu besprechenden Wirkungen auf Blutbild, Nieren, Enzymsysteme usw.

Der einfachste Weg ist es dann meistens, eine Anzahl anderer gut untersuchter Steroide in die Untersuchung mit einzubeziehen und festzustellen, mit welchen bekannten Wirkungen die beste Korrelation deutlich wird. Es gibt jedoch kein reines anaboles Steroid, das von jeder anderen Wirkung frei ist. Wohl gibt es eine solche nichtsteroide Substanz, das Wachstumshormon, von dem allerdings keineswegs feststeht, daß die anabole Wirkung nach einem ähnlichen Wirkungsmechanismus abläuft. Wijnans u. de Groot (1953) beschreiben z.B. eine Anzahl sehr auffallender Unterschiede (Wachstumshormon bewirkt noch eine Stickstoffretention bei alloxandiabetischen Ratten, Testosteronpropionat ist dazu nicht imstande. Das Wachstumshormon verringert den Aminosäuregehalt des Blutes bei kurz zuvor eviscerierten Ratten, bei denen Testosteronpropionat unwirksam ist).

Eine Schwierigkeit bei der Analyse der verschiedenen Wirkungen der Steroide besteht darin, daß sie in der Regel nicht wasserlöslich sind. Infolgedessen sind intravenöse Injektionen, Durchströmungsversuche und Untersuchungen an isolierten Organen, Homogenaten und Enzymsystemen, wenn überhaupt durchführbar, oft bezüglich Dosierung schwer zu beurteilen. Die sicherste Methode ist es danach meistens, die Tiere zu behandeln und anschließend die Organe und dergleichen in vitro zu untersuchen, wobei man jedoch offensichtlich des erstrebten Vorteils des Ausschaltens von Einflüssen anderer Organe verlustig gegangen ist.

Einige anabole Steroide, wie Testosteron und Nandrolon (19-nor-Testosteron), können durch eine Veresterung der Hydroxylgruppe an C 17, z.B. mit Bernsteinsäure, Phosphorsäure oder Glycin in eine wasserlösliche Form gebracht werden. Die so gewonnenen wasserlöslichen Produkte haben jedoch ganz andere biologische Eigenschaften erworben, während gerade die anabolen und androgenen Wirkungen ganz oder größtenteils verloren gegangen sind (s. S. 42). Es ist nicht bekannt, ob diese überraschende Unwirksamkeit der schnellen Ausscheidung, dem schnellen Abbau, einem Unvermögen, in die Zellen einzudringen, oder einer anderen Ursache zuzuschreiben sind.

Es kann übrigens sogar ohne Veränderung des Moleküls ein Verlust an Aktivität entstehen. So fanden wir (Overbeek et al. 1962), daß das nach subcutaner oder intramuskulärer Zuführung stark anabol wirksame Nandrolonphenpropionat nach intravenöser Gabe einer Lösung in Plasma praktisch unwirksam war). Hier scheint der Zeitfaktor durch die Beeinflussung des Substrates über eine längere Periode für die Wirkung wesentlich zu sein. Dies kann (muß aber nicht) ebenso zur Erklärung der obengenannten Unwirksamkeit von wasserlöslich gemachten Steroiden von Bedeutung sein.

II. Anabole Steroide und Eiweißstoffwechsel

„Im Anfang war die Tat."
J. W. v. Goethe

"Why think? Why not try the experiment?"
John Hunter zu Jenner

Die obengenannten Beschränkungen könnten zu einem gewissen Pessimismus führen, der das Interesse am weiteren Experimentieren oder sogar an der Auswertung bereits durchgeführter Untersuchungen hemmen könnte. Man sollte deshalb wohl bedenken, daß diese vielleicht etwas deprimierende Einleitung absolut notwendig ist, wenn man die Arbeiten der Vergangenheit und der Zukunft richtig beurteilen will. Es scheint jetzt jedoch an der Zeit, eine Anzahl konkreter Untersuchungen kritisch zu betrachten.

Als erster hat Kochakian im Jahre 1935 das Augenmerk auf die Stimulierung des Eiweißanabolismus durch Androgene auf Grund von Hundeversuchen gerichtet. Spätere Versuche an Menschen und vor allem seine im American Journal of Physiology veröffentlichten drei Publikationen (1950a, b, c) über Versuche an Ratten haben besonders dazu beigetragen, die Erkenntnisse darüber, was im großen ganzen im Stoffwechsel geschieht, zu vertiefen. Verständlicherweise wurden diese Versuche mit Testosteronpropionat durchgeführt, in einem Einzelfall mit anderen typischen Androgenen, und nicht mit den heutzutage meistens verwendeten vorwiegend anabolen Steroiden. Seine Beobachtungen können darum nur mit Vorbehalt auf diese anderen Stoffe übertragen werden. Es dürfte jedoch wahrscheinlich sein — und in einer Reihe von Fällen ist das inzwischen auch festgestellt worden —, daß hier kein prinzipieller Unterschied besteht.

Die wichtigsten Beobachtungen von Kochakian können wie folgt zusammengefaßt werden:

1. Testosteronpropionat verursacht zeitweise eine verminderte Stickstoffausscheidung und eine Zunahme des Körpergewichtes. Für diese Wirkung ist das Vorhandensein von Gonaden, Nebennieren oder Hypophyse nicht erforderlich. Die Gewichtszunahme hält nur 1 bis 2 Wochen an und ist bei hohen Dosen weniger deutlich als bei niedrigen. Auch die verminderte Stickstoffausscheidung dauert nur einige Wochen (s. Abb. 2). Kochakian nennt dies den „wearing off"-Effekt.

2. Die verminderte Stickstoffausscheidung ist verbunden mit einer Zunahme des Eiweißgehaltes der Karkasse und verschiedener Organe; in abnehmender Reihenfolge sind dies: Karkasse, Samenblase und Prostata, Leber und Nieren. Das Verhältnis der Aminosäuren im Eiweiß

bleibt hierbei unverändert. Bei der Behandlung mit hohen Dosen oder während einer lange andauernden Behandlung hält die Gewichtszunahme von Samenblase, Prostata und Nieren noch an, wenn der Eiweißgehalt der Körpermuskulatur nicht mehr zu- oder sogar abnimmt.

3. Diese Organe reagieren auch unterschiedlich auf verschiedene Steroide (Tabelle 1). Das ist bereits ein deutliches Anzeichen für die Möglichkeit der Differenzierung von Wirkungen, einer Differenzierung, die in so hohem Maße zum Erfolg der späteren synthetischen anabolen Steroide beigetragen hat.

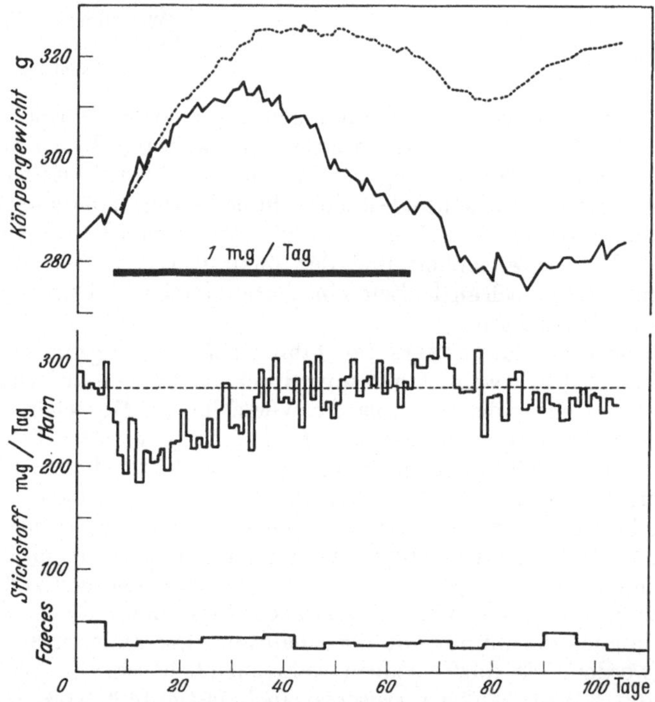

Abb. 2. Der Einfluß von 1 mg/Tag subcutan verabreichtem Testosteronpropionat bei Ratten auf das Körpergewicht und die Stickstoffausscheidung in Harn und Faeces. *Körpergewicht:* Die gezogene Linie gibt das wirkliche Gewicht an, die gestrichelte Linie das theoretische Gewicht, berechnet vom retinierten Stickstoff. *Harn:* Die gestrichelte Linie gibt die tägliche Aufnahme von Stickstoff an (KOCHAKIAN 1950)

4. Neben der Zunahme von Eiweiß wurde eine deutliche Abnahme von Fett festgestellt, was erklären könnte warum die Zunahme des Körpergewichtes soviel weniger ist als auf Grund der Stickstoffretention zu erwarten wäre. Da sich der Basalstoffwechsel nicht verändert, liegt es nahe, anzunehmen, daß die für den Aufbau von Eiweiß nötige Energie durch den Abbau von Fett geliefert wird. In Übereinstimmung mit diesem Ergebnis fanden später LARON et al. (1963, 1964) eine fettmobilisierende Wirkung anaboler Steroide, gemessen an der Zunahme der freien Fettsäuren im Plasma hungernder Ratten. (Diese Resultate wurden im Laboratorium des Verfassers nicht bestätigt). Dieselbe Situa-

tion ergibt sich bei der anabolen Wirkung des Wachstumshormons (vgl. z.B. die vorzügliche Übersicht von DE BODO u. ALTSZULLER 1957).

Tabelle 1. *Wirkungen verschiedener Steroide auf die N-Retention, das Nierenwachstum und das Samenblasenwachstum.* (Nach KOCHAKIAN 1950)

N-Retention	Nierenwachstum	Samenblasenwachstum
17β-Hydroxy-androst-4-en-3-on-propionat (Testosteronpropionat)	5α-Androstan-3α,17β-diol	17β-Hydroxy-androst-4-en-3-on-propionat (Testosteronpropionat)
17β-Hydroxy-androst-4-en-3-on (Testosteron)	17β-Hydroxy-5α-androstan-3-on	5α-Androstan-3α,17β-diol
17β-Hydroxy-5α-androstan-3-on	17β-Hydroxy-androst-4-en-3-on-propionat (Testosteronpropionat)	17β-Hydroxy-5α-androstan-3-on
5α-Androstan-3α,17β-diol		
Androst-4-en-3,17-dion	Androst-4-en-3,17-dion	Androst-4-en-3,17-dion
5α-Androstan-3,17-dion		
3α-Hydroxy-5α-androstan-17-on-acetat (Androsteronacetat)		

Von oben nach unten nimmt die Aktivität ab.

Damit ist zwar schon viel Wesentliches dargestellt, es bleiben aber noch viele Fragen offen:

a) die weitere Entwicklung von Stoffen mit geringer androgener und starker anaboler Wirkung,

b) eine Erklärung für den transitorischen Charakter der Wirkungen,

c) eine gründlichere Analyse des Einflusses verschiedener Versuchsbedingungen und der auch auf cellulärem und subcellulärem Niveau ablaufenden Vorgänge.

Die unter a) genannten Untersuchungen sollen in Kapitel IV besprochen werden. Zu dem unter b) genannten Problem wurde bisher noch immer keine befriedigende Erklärung gefunden. KOCHAKIAN (1961) ist der Ansicht, daß eine Art Verschiebung vom Eiweiß der Skeletmuskulatur nach der weiterwachsenden Samenblase, Prostata und den Nieren stattfindet („reshuffle"). Es scheint jedoch so, als könne dies quantitativ nicht zutreffen, angesichts der völlig anderen Größenordnungen der Organgewichte.

Die unter c) angeführten Probleme haben verschiedene bedeutende Untersucher zur Aktivität angeregt. Eine Anzahl wichtiger Teile des Mosaiks ist bereits bekannt, das Gesamtbild ist jedoch vorerst noch immer undeutlich. Eine wesentliche Bereicherung der Kenntnisse der Voraussetzungen der Wirkung von anabolen Steroiden gaben WIJNANS u. DE GROOT (1953). In erster Linie wiesen sie nach, daß bei eviscerierten Ratten die Abnahme des Aminosäuregehaltes des Blutes nach Zuführung von Testosteronpropionat ausbleibt. Schon früher hatte VAN WIERINGEN (1948) festgestellt, daß zur Erreichung eines anabolen Effektes bei eviscerierten Ratten Insulin erforderlich ist, und DE JONGH et al. (1950) fanden, daß Testosteronpropionat bei alloxandiabetischen

Ratten keine anabole Wirkung hat. Auch SIREK u. BEST (1953) fanden bei Hunden ohne Pankreas, die *nicht* mit Insulin behandelt worden waren, keinen Effekt des Testosteronpropionats auf den Reststickstoff des Blutes. KOCHAKIAN u. COSTA (1959) sahen dagegen Stickstoffretention bei mit Testosteronpropionat behandelten pankreaslosen Hunden. Diese waren jedoch mit Insulin behandelt worden. Das Vorhandensein von Insulin ist demnach für einen anabolen Effekt Voraussetzung, obwohl die Wirkung offensichtlich nicht durch eine Anregung der Insulinabgabe vom Pankreas zustande kommt.

Weniger übersichtlich ist die Situation, wenn die Folgen der N-Retention für die Muskeln betrachtet werden. Nach SAUNDERS et al. (1962) verhalten sich zwei verschiedene Muskeln, nämlich der M. levator ani und der M. rectus femoris, beim alloxandiabetischen Tier unterschiedlich. Wenn man als Kriterium die Verhältniszahl RNS/DNS[1] zugrunde legt, zeigte sich, daß der M. levator ani kein Insulin benötigte, um auf Testosteron zu reagieren, während dies beim M. rectus femoris wohl notwendig war.

Widersprüche bestehen auch in der Frage, ob die Hypophyse für die Erreichung eines anabolen Effektes nötig ist. Wir haben bereits darauf hingewiesen, daß KOCHAKIAN ihr Vorhandensein nicht für erforderlich hielt. Diese Meinung wird von den meisten anderen Autoren geteilt (GORDAN et al. 1947, SCOW 1952, RUPP u. PASCHKIS 1953, KORNER u. YOUNG 1955). Jedoch sind nicht alle dieser Ansicht; so berichtet DESAULLES (1960, 1962), daß kastrierte Ratten ohne Hypophyse weniger empfindlich für die anabolen Wirkungen von Testosteronpropionat und Methandrostenolon (gemessen am M. levator ani) sind als nur kastrierte Ratten, dagegen empfindlicher für die androgene Wirkung dieser Steroide (gemessen am Wachstum der Samenblase). Die Zuführung von Wachstumshormon erhöht die Reaktion des M. levator ani wieder in Richtung auf den Normalzustand. Die Ergebnisse in der oben erwähnten Arbeit von SCOW (1952) weisen eher in die umgekehrte Richtung. Er konnte keinen Unterschied in der Reaktion des M. levator ani (MLA) auf Testosteron feststellen, während die Wirkungen auf die Samenblase und die ventrale Prostata bei hypophysenlosen Ratten besonders schwach waren. Im Laboratorium des Verfassers wurde von DE VISSER (unveröffentlicht) die Wirkung des Testosteron- und des Nandrolonphenylpropionates an kastrierten Ratten mit und ohne Hypophyse verglichen. Es wurde kein nennenswerter Einfluß der Hypophysektomie auf die Reaktion von Samenblase, ventraler Prostata, Penis und M. levator ani gefunden, wenn die *absolute* Gewichtszunahme als Kriterium verwendet wurde. In einigen Fällen zeigten sich Unterschiede in der *prozentualen* Zunahme, jedoch waren diese ungleichmäßig, wahrscheinlich infolge des großen Einflusses, den kleine zufällige Unterschiede bei diesen Prozentsätzen haben können. Auch muß hierbei berücksichtigt werden, daß schon bei unbehandelten Ratten nach Hypophysektomie das Gewicht des M. levator ani (und

[1] RNS = **R**ibo-**N**uclein-**S**äure, DNS = **D**esoxy-**R**ibo-**N**uclein-**S**äure.

das Körpergewicht) viel stärker abnimmt als das der obengenannten Geschlechtsorgane.

Die Kriterien von DESAULLES, SCOW und DE VISSER sind verschieden; ob dies die Unterschiede erklären könnte, ist noch nicht zu erkennen.

Im Hinblick auf den Einfluß des Wachstumshormons sei noch darauf hingewiesen, daß GORDAN et al. (1947) die Möglichkeit erörtern, daß das Wachstumshormon zwar nicht erforderlich sei, um eine N-Retention durch Testosteronpropionat zu ermöglichen, wohl aber für die Utilisierung des retinierten Stickstoffs. Dies folgern sie aus dem geringen Wachstum der von ihnen mit Testosteronpropionat behandelten hypophysenlosen Ratten. RUPP u. PASCHKIS (1953) fanden dagegen mit Sicherheit ein beachtliches Wachstum der von ihnen mit Testosteronpropionat behandelten Ratten ohne Hypophyse, ungeachtet der Tatsache, daß diese Versuchstiere mehr als 6 Wochen vorher hypophysektomiert worden waren! KOCHAKIAN (1960) fand bei kastrierten männlichen Ratten eine Summierung der Wirkungen von gleichzeitig zugeführtem Wachstumshormon und Testosteronpropionat auf die Stickstoffretention und die Zunahme des Körpergewichtes. Schließlich fanden REISS et al. (1965), daß hypophysenlose Ratten zwar kaum einen Gewichtsverlust erleiden, wenn sie entweder mit einem anabolen Steroid oder mit Choriongonadotropin behandelt wurden (Stimulierung der endogenen Testosteronproduktion), aber auch nicht wachsen, wie dies nach der Verabreichung von Wachstumshormon der Fall war. Diese Autoren sind der Meinung, daß die von ihnen beobachtete Zunahme des Wachstums bei normalen Tieren und Menschen durch anabole Steroide auf einer Stimulierung der Abgabe von Wachstumshormon beruht. Vorläufige Ergebnisse der Bestimmungen von Wachstumshormon im Blutserum einiger mit Choriongonadotropin behandelter Patienten scheinen diese Auffassung zu unterstützen.

Bei der Beurteilung dieser scheinbaren Widersprüche sollte nicht außer acht gelassen werden, daß andere als hormonale Faktoren, z.B. die Ernährung, die Resultate erheblich zu beeinflussen vermögen.

Eine zweite wichtige Beobachtung von WIJNANS u. DE GROOT war, daß Testosteronpropionat bei Ratten, die 2 Wochen lang auf eiweißlose Diät gesetzt worden waren, keine Verminderung der N-Ausscheidung im Harn verursachte. Es ist interessant, daß das Wachstumshormon dagegen eine solche Verminderung hervorruft (GAARENSTROOM u. KRET 1945). SEDA und HÅVA (1962) beobachteten ein Ausbleiben des Wachstums des M. levator ani und der Prostata bei mit Methyltestosteron behandelten kastrierten männlichen Ratten, wenn die Tiere eiweißarmes Futter erhalten hatten. Später teilte LEATHEM (1962) mit, daß er einen positiven Effekt von Testosteronpropionat und von Methandrostenolon auf das Stickstoffgleichgewicht *während der Wiederherstellungsperiode* feststellen konnte, wenn eiweißfrei gefütterte Ratten wieder auf eine eiweißhaltige Nahrung zurückgeführt wurden. Dies galt jedoch nicht für alle Versuchsbedingungen; enthielt nämlich diese Diät Casein als einzige Eiweißquelle, so war der Versuch nicht erfolgreich, was dagegen bei Lactalbumin oder Weizengluten wohl der Fall war. Offenbar ist nicht nur eine ausreichende Menge Eiweiß im Futter zur Erreichung einer Wirkung der anabolen Stoffen erforderlich, sondern auch die Qualität des Eiweißes ist von Bedeutung. Diese Resultate sind ein deutliches Argument für die Auffassung, daß anabole Steroide den Aufbau von Proteinen fördern.

Weitere zu diesem Abschnitt gehörende Untersuchungen betreffen spezielle Organe oder Teile derselben. Zwar liegen viel mehr Untersuchungen über Stickstoffbilanz u. dgl. vor, aber diese sind entweder am Menschen durchgeführt worden, weshalb sie in diesem Buch nicht behandelt worden sind, oder aber ihre Zielsetzung war das Testen von Stoffen; in diesem Falle gehören sie in das Kapitel III.

Bei einem Teil der jetzt zu besprechenden Untersuchungen gewinnt ein neuer Umstand Bedeutung: der Zeitfaktor. Er bezieht sich hier nicht auf die verlängerte Wirkung von Steroiden, sondern auf die Reihenfolge der ablaufenden Prozesse in den auf die Steroide reagierenden Organen.

So fanden MEYER u. HERSHBERGER (1957) nach Gaben von Testosteronpropionat an infantile und kastrierte Ratten, daß der Glykogengehalt des M. levator ani (MLA) während der ersten 3 Tage der Behandlung stark zunahm. Dies betraf hier vor allem die wasserlösliche, leicht zu mobilisierende Fraktion des Glykogens. Während dieser Periode wächst der MLA nur wenig. Erst während der hierauf folgenden 4 Tage kam es zu starkem Wachstum; in dieser Zeit nahm die Glykogenkonzentration wieder ab bis zum Normalgehalt (Abb. 3). Dasselbe stellten diese Untersucher in bezug auf die Aufnahme von ^{32}P durch den MLA fest. Danach liegt die Annahme nahe, daß das gebildete Glykogen und die energiereichen Phosphate gebraucht werden, um leicht zugängliche potentielle Energien zu liefern, die für den nachfolgenden Wachstumsprozeß erforderlich sind.

Die Feststellung von KOWALESKI u. BEKESI (1960), daß der O_2-Verbrauch von Rattenmuskeln (Zwerchfell) nach der Behandlung mit dem anabolen Norethandrolon abnimmt, steht im Widerspruch zu der obengenannten Glykogenzunahme, die mit einem höheren O_2-Verbrauch gekoppelt zu sein pflegt. Hierbei sollte jedoch wohl bedacht werden, daß KOWALESKI u. BEKESI ihre Versuchstiere erst nach 14 Tage andauernder Behandlung untersuchten, also in der Phase, in der nach MEYER u. HERSHBERGER die Glykogenvermehrung schon lange vorbei ist. Sehr rasche Veränderungen sahen auch KASSENAAR et al. (1962a, b) bei ihren Untersuchungen über den Ribonucleinsäure-(RNS) und Desoxy-Ribonucleinsäure-(DNS)-Gehalt von Samenblase, MLA und Nieren nach Behandlung von Ratten und Mäusen mit Testosteron. Zum besseren Verständnis dieser Untersuchungen und der anschließend zu besprechenden Ergebnisse von WILSON erscheint es angebracht, darauf zu verweisen, daß man sich heute den Gang der Biosynthese der Eiweiße wie folgt vorstellt (nach KORNER 1962):

Nachdem die Aminosäuren in die Zelle gelangt sind, werden sie zuerst durch eine enzymatische Bindung zu Aminosäureadenylaten aktiviert. Dann fängt aber die Aufgabe der RNS an. Es gibt zwei Auffassungen über die Weise, wie die RNS sich dieser Aufgabe entledigen. Die ältere stammt von HOAGLAND et al. (1957). Sie sind der Meinung, daß sich ein Aminosäureadenylat an eine wasserlösliche RNS mit niedrigem Molekulargewicht heftet. Für jede der 20 verschiedenen, im Eiweiß vorkommenden Aminosäuren würde es eine spezifische RNS geben. Dieser RNS-Aminosäurekomplex wird an die RNS-Matrize der Ribosomen (kleine Körnchen in den Mikrosomen) gebunden, wo Peptidketten gebildet werden. Schließlich wird das fertige Eiweiß mit Hilfe von Enzymen und weiteren Faktoren von der Matrize gelöst.

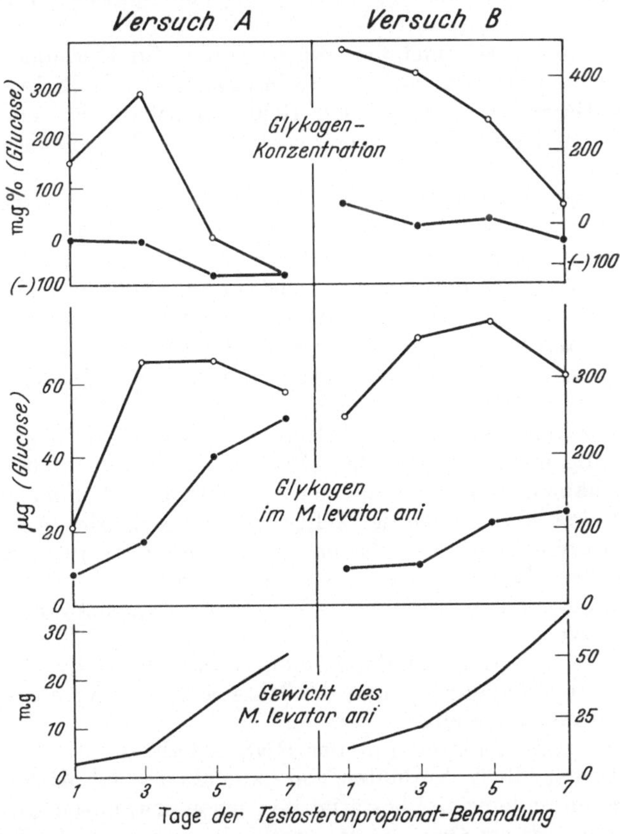

Abb. 3. Der Einfluß von subcutan verabreichtem Testosteronpropionat auf Glykogenkonzentration und -totalgehalt sowie auf das Gewicht des M. levator ani. Versuch A: 3 Wochen alte Ratten; Versuch B: 8 Wochen alte Ratten (MEYER u. HERSHBERGER 1957). ○ In Trichloressigsäure lösliches Glykogen; ● in Trichloressigsäureunlösliches Glykogen

Die zweite Hypothese stammt von JACOB und MONOD (1961). Diese Autoren nehmen nicht an, daß es 20 verschiedene RNS gibt, sondern nur einen sog. „Übermittler", eine RNS, die an der DNS des Gens gebildet wird und das Ribosom zur Bildung desjenigen Peptids veranlaßt, zu der sie vom Übermittler beauftragt wird. Nachher zerfällt die übermittelnde RNS. Sie kann wieder aufgebaut werden, um entweder die gleiche oder eine andere Botschaft zu übermitteln.

Nach beiden Auffassungen handelt es sich also um Reaktionsketten, die zwar verschiedener Art sind, bei denen aber offenbar die RNS unentbehrlich sind. Übrigens sind, um die Reaktionen zu ermöglichen, nicht nur Aminosäuren und RNS erforderlich, sondern zumindest auch Guanosintriphosphat (GTP), Magnesium und eine Sulfhydrilverbindung. Offensichtlich müssen also verschiedene Vorbedingungen erfüllt sein, wenn anabole Substanzen wirksam werden sollen, wodurch die Bedeutung der oben genannten Nahrungs- und endogenen Faktoren verständlich wird.

Im Prinzip sind also mehrere Angriffspunkte für Hormone denkbar, sogar wenn man sich nur auf die Beeinflussung der RNS beschränken würde (Synthese der RNS, Art der Reaktion auf die Botschaft usw.), was manche Widersprüche zwischen verschiedenen Ergebnissen erklären könnte (KORNER 1965).

Hier könnte auch die Erklärung für die *spezifische* Wirkung der Hormone auf die verschiedenen Endorgane liegen, die ja in den obengenannten Untersuchungen ganz verloren gegangen ist. Ihre Ergebnisse sagen nur etwas über die jedem Wachstum zugrunde liegende Eiweißsynthese aus, und obwohl es wichtig ist, zu erfahren, wo die Hormone in der Kette angreifen, so konnten sie nicht feststellen, warum die eine Substanz gerade die Samenblase und eine andere die Muskeln wachsen läßt.

Um daher wieder auf das Wachstum von Organen zurückzukommen, so ist jetzt allgemein bekannt, daß DNS und RNS eine unterschiedliche Bedeutung haben. Eine Zunahme der im Zellkern vorkommenden DNS deutet auf eine *Vermehrung* der Zellen hin (Hyperplasie), während die in den Mikrosomen des Protoplasma vorhandene RNS mit dem *Wachstum* von Zellen (Hypertrophie) zusammenhängt.

Aus den obengenannten Untersuchungen von KASSENAAR et al. geht folgendes hervor:

1. Nach Testosteronbehandlung nimmt sowohl der DNS- als auch der RNS-Gehalt der Samenblase und des MLA während der ersten 24 Std nach Beginn der Behandlung stark zu.
2. In den Nieren nimmt nur der RNS-Gehalt zu.

Das unterschiedliche Verhalten von Samenblase und MLA einerseits und der Nieren andererseits bestätigt den schon erwähnten Unterschied in der Reaktion dieser Organe auf verschiedene Steroide (s. Tabelle 1). Wichtiger jedoch ist die wiederum sehr früh auftretende Zunahme des Gehaltes solcher Stoffe wie der RNS, die für die Eiweißsynthese erforderlich sind. Wenn einmal die Eiweißsynthese erhöht verläuft, dann steht der Zelle mehr „Bausteineiweiß" und auch mehr „Enzymeiweiß" zur Verfügung. Es wurde tatsächlich festgestellt, daß manche Enzymaktivitäten erhöht sind und infolgedessen wieder andere Zellbestandteile vermehrt werden. Das gilt z.B. für die Phospholipoide (HÖRCHNER 1964), wo die Zunahme später erfolgt als die Akkumulierung der RNS (erst 14—24 Std nach der Testosteroninjektion) und, wenigstens teilweise, durch das die RNS-Synthese hemmende Actinomycin C verhindert wird. In dieser Hinsicht ist bemerkenswert, daß KOCHAKIAN (1964) fand, daß die Inkorporation von Leucin-1-^{14}C durch Homogenate der Meerschweinchensamenblase und Prostata nicht von Actinomycin C, wohl aber von Puromycin gehemmt wurde. WILSON (1962a) versuchte, die Stelle zu ermitteln, an der in der oben beschriebenen Reaktionskette, die bei der Eiweißsynthese abläuft, das Testosteron angreift. Diese Untersuchung führte er durch, indem er Ratten mit Testosteronpropionat behandelte und danach die Aufnahme von l-Valin-1-^{14}C und l-Tyrosin-U-^{14}C durch Samenblasenschnitte in vitro untersuchte.

Es ist zunächst schon interessant, daß er erst nach 1—2 Tagen einen maximalen Effekt beobachten konnte, also *nach* der durch KASSENAAR et al. festgestellten Zunahme der Ribonucleinsäuren. In eindrucksvoller Weise konnte er sukzessive verschiedene Stufen als Ursache für die Förderung der Eiweißsynthese ausscheiden. Der kritische Punkt ist die Bildung des mikrosomalen Ribonucleoproteins, d.h. also der Matrize für das neue Eiweiß. WILSON (1962b) untersuchte auch die in zellfreiem Gewebehomogenat vorkommenden Reaktionen. Zu diesem Zweck stellte er Homogenate von Eileitern von Küken her, die mit Testosteron oder mit Oestradiol behandelt worden waren. Auch in diesen Systemen zeigte sich, daß die Hormonbehandlung die Eiweißsynthese fördert und daß die Mikrosomfraktion den Angriffspunkt bildet. Es bestätigt sich dadurch, daß die Wirkung auf den Ribonucleoproteinacceptor gerichtet ist.

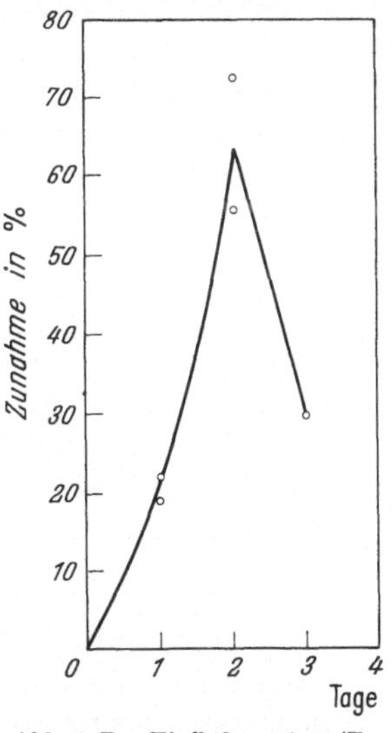

Abb. 4. Der Einfluß von 1 mg/Tag subcutan verabreichtem Testosteronpropionat bei Mäusen auf den Einbau von Glycin-^{14}C in die Niereneiweiße. Ordinate: Prozentuale Zunahme der Inkorporationsrate, verglichen mit unbehandelten Tieren. Abszisse: Behandlungsdauer

Gleichartige Schlüsse zogen SCHWARZLOSE und HEIM (1965) aufgrund der Bestimmungen von RNS und DNS in Leber, Skeletmuskulatur und Nieren weiblicher Ratten, die längere Zeit (6 Wochen) hindurch mit einem anabolen Steroid (Methylandrostenolonacetat) behandelt worden waren. Die Verfasser beschreiben sehr anschaulich die Aufgaben der einzelnen Ribonucleinsäuren im Rahmen der Eiweißsynthese; dadurch werden gleichzeitig alle möglichen Angriffspunkte für anabole Steroide aufgezeigt.

Auch FRIEDEN et al. (1961) haben in Homogenaten von Tieren, die mit anabolen Steroiden vorbehandelt worden waren, eine erhöhte Eiweißsynthese feststellen können. Sie untersuchten die Inkorporation von Glycin-^{14}C in Niereneiweiß von Mäusen und sahen z.B. nach Behandlung mit Testosteron eine starke Zunahme nach 2 Tagen, die sich merkwürdigerweise später stark verminderte (s. Abb.4). Dies wurde durch KASSENAAR et al. bestätigt, die gleichfalls bei mit Testosteron behandelten Mäusen in vitro die maximale Aufnahme von Glycin-^{14}C durch die Samenblase nach 24—48 Std maßen, während der Effekt nach 14 Tage andauernder Behandlung deutlich geringer wurde. Hier stellt sich die Frage, inwieweit diese Abnahme der Wirkung vergleichbar ist mit dem obengenannten „wearing off"-Effekt (s. S. 5).

Wenn eine Anzahl chemischer Reaktionen schon so kurz nach der Testosteron-Zufuhr beeinflußt werden kann, ist es offensichtlich eine Hauptvoraussetzung, daß Testosteron schnell zum Wirkungsort gelangt. Daß dies auch tatsächlich geschieht, wurde durch BUTENANDT et al. (1960) aufgezeigt. Sie rieben Testosteron-4-^{14}C in die Bauchhaut von infantilen Ratten ein und fanden ein Maximum der spezifischen Aktivität in der Samenblase schon nach 2 Std. Nach $3^1/_2$ Std begann die Zunahme von Leucin-^{14}C, während der höchste Anstieg erst nach 6 Std auftrat. Eigenartigerweise schien das Testosteron-^{14}C schon weitgehend aus der Samenblase verschwunden zu sein (vgl. auch BARRY et al. 1962, die keine nennenswerten Mengen ^{14}C-Testosteron in den Geschlechtsorganen wiederfanden, ihre Untersuchungen allerdings auch erst 24 Std nach dessen Zuführung begonnen hatten).

Letzteres läßt eine Art „trigger effect" vermuten, was jedoch mit der später zu beschreibenden verstärkten Wirkung der verlängert wirksamen Steroide nicht übereinstimmt. Darauf werden wir später noch zurückkommen (s. S. 55).

Wenn man ein Zeitschema für die Wirkung von Testosteron auf die Samenblase und den MLA aufzustellen versucht und dafür die Resultate verschiedener Untersucher an verschiedenen Organen kombiniert (wobei immer große Vorsicht geboten ist), dann kommt man zu folgender Aufstellung:

	Zuführung von Testosteron.
nach 2 Std	Testosteron im Organ (Samenblase).
nach $3^1/_2$—6 Std	Akkumulierung von Aminosäuren.
nach 6—12 Std	Akkumulierung von DNS und RNS.
nach 14—24 Std	Akkumulierung von Phospholipoiden.
nach 24—48 Std	Akkumulierung von Glykogen und energiereichen Phosphaten. Formung eines RNS-Aminosäurekomplexes in den Mikrosomen. Beginn des Wachstums.
nach 72—120 Std	Starkes Wachstum.

Obwohl die Zeiten für die verschiedenen Organe etwas unterschiedlich angesetzt sind, gibt diese Aufstellung ein eindrucksvolles Bild, das wohl ungefähr den Gegebenheiten entsprechen dürfte.

Nach diesen allgemeinen Betrachtungen die speziellen, nach den Proteinen die Enzyme.

Es gibt viele Beobachtungen darüber, daß nach Zuführung von anabolen Steroiden in verschiedenen Organen eine erhöhte Enzymaktivität auftritt. Hier treten wiederum viele Fragen auf, die nur zum Teil beantwortet werden können.

In erster Linie ergibt sich das Problem, ob dem eine erhöhte Wirkung (Aktivierung der normalen Enzymmenge) oder eine erhöhte Produktion von Enzymen zugrunde liegt. Zumindest in einem Einzelfall ist das letztere besonders naheliegend. RIOTTON u. FISHMAN (1953) fanden, daß während einer lang andauernden Behandlung mit Testosteron nicht nur eine andauernde, 30mal höhere β-Glucuronidaseaktivität der Nieren bestand, sondern daß die im Urin feststellbare Aktivität ungefähr 400mal erhöht war. Dies spricht sehr für eine erhöhte Produktion; diese Auffassung wird dadurch verstärkt, daß PETTENGILL u. FISHMAN (1960) auch die Aufnahme von Glycin-1-^{14}C in die β-Glucuronidase in Mäusenieren erhöht sahen, nachdem die Tiere 14 Tage lang mit Testosteronpropionat vorbehandelt worden waren.

Falls dies auch für andere Enzyme zutrifft, was nicht unwahrscheinlich ist (DORFMAN 1961, SHULL u. BAUTISTA 1962), folgt daraus unmittelbar die Frage, inwieweit hier von einer auf die Mehrproduktion *bestimmter* Enzyme gerichteten Wirkung die Rede sein kann oder ob die Enzyme unspezifisch vermehrt werden, zusammen mit anderen Eiweißstoffen, die nur als Bausteine der Zelle fungieren. Der sehr unterschiedliche Umfang, in dem die Aktivität einiger Enzyme zu- oder sogar abnimmt (DPNH-Oxydase, KOCHAKIAN 1961; fünf weitere Enzyme des intermediären Stoffwechsels, APOSTOLAKIS 1963), könnte für eine spezifische Wirkung sprechen. Jedoch kann vorläufig noch nicht ausgeschlossen werden, daß die unterschiedliche Aktivität durch lokale Faktoren in den Organen bestimmt wird. Der Umstand, daß sich die Aktivität einiger Enzyme *nicht* erhöht, könnte sogar dafür sprechen, daß gerade hier spezifische Wirkungselemente im Spiel sind.

Es ist jedenfalls besonders auffallend, daß die Aktivität von so vielen unterschiedlichen Enzymen mit völlig verschiedenen Wirkungen zunimmt. Vorläufig ist es noch vollkommen unklar, inwieweit alle diese Enzyme für das Entstehen einer anabolen Wirkung von Bedeutung sind. Es scheint keineswegs ausgeschlossen zu sein, daß diese Veränderungen der Enzymaktivität eine Folgeerscheinung anaboler Wirkungen sind. Hier folgt eine kurze Zusammenfassung von Enzymen, deren Wirkung durch anabole Steroide erhöht gefunden wurde:

DPNH-Cytochrom c-Reduktase im Rattenmuskel (LORING et al. 1961).

β-Glucuronidase in der Mäuseniere (FISHMAN 1961).

d-Aminosäure-Oxydase in der Mäuseniere (CLARK et al. 1943).

Arginase in der Mäuseniere (KOCHAKIAN 1959).

Aldolase in der Rattenprostata (BUTLER u. SCHADE 1958).

Bernsteinsäure-Dehydrogenase (DAVIS et al. 1949).

Glucose-6-Phosphatase in der Rattenleber (SHULL u. BAUTISTA 1962).

Alanin-Transaminase in Rattenleber und Meerschweinchenmuskulatur (KOCHAKIAN 1961).

Glutaminsäure-Transaminase in Rattenleber und Meerschweinchenmuskulatur (KOCHAKIAN 1961).

Fumarase in der Mäuseleber (KOCHAKIAN 1961).

Saure Phosphatase in Hamster- und Meerschweinchen-Niere (KOCHAKIAN 1961).

Adenosin-Triphosphatase in Hamster- und Meerschweinchen-Niere (KOCHAKIAN 1961).

Histamin-Methylase (WESTLING u. WETTERQUIST 1962).

Zwei der obengenannten Enzyme sollen hier noch etwas ausführlicher besprochen werden, weil deren Untersuchung einige besondere Aspekte im Zusammenhang mit der Untersuchung und Charakterisierung verschiedener Steroide aufgezeigt haben.

Die Ausscheidung von Histamin im Urin von Ratten kann nach KIM (1959, 1961a, b) durch Zuführung von anabolen Steroiden vermindert werden. Er bestimmte das Histamin biologisch; von VAN DER VIES u. BONTA (unveröffentlicht) wurde es später chemisch bestimmt. Beide Methoden lieferten gleiche Befunde. Die Erklärung für diese Erscheinung fanden WESTLING u. WETTERQUIST (1962), die zeigten, daß Testosteron die enzymatische Methylierung des Histamins verstärkte, mit der Folge, daß es danach weder biologisch noch chemisch nachzuweisen war. KIM (1961b) hat bereits verschiedene Steroide verglichen und gefunden, daß Nandrolonphenylpropionat stärker wirkte als Methandrostenolon, Testosteronpropionat und Wachstumshormon. Es sei angemerkt, daß diese Stoffe nicht direkt miteinander vergleichbar sind, da ihre Wirkungsdauer bekanntlich verschieden ist. Aus den obengenannten Untersuchungen von VAN DER VIES u. BONTA, die unter anderem die Phenylpropionate von Testosteron und Nandrolon verglichen, ergab sich, daß eine Korrelation des Effektes mit der anabolen, aber nicht mit der androgenen Aktivität dieser Steroide vorhanden war. Dies wird in Abb. 5 dargestellt und gleichzeitig der Effekt, der bei kastrierten männlichen Ratten erzielt wurde, demonstriert.

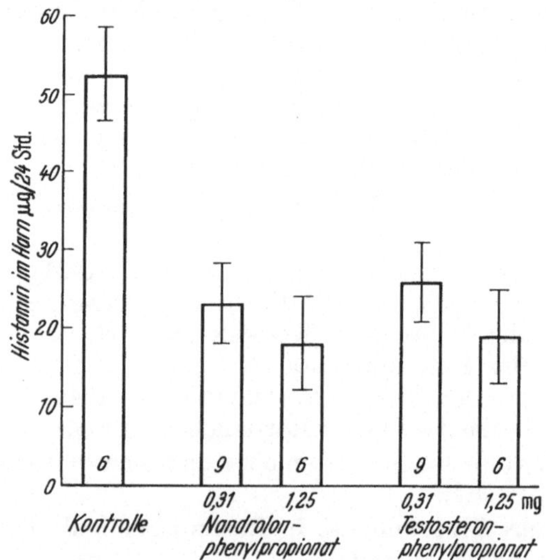

Abb. 5. Der Effekt von Nandrolonphenylpropionat und Testosteronphenylpropionat auf die Histaminausscheidung im Harn kastrierter männlicher Ratten

Die ausführliche Untersuchung von FISHMAN (1961) und seinen Mitarbeitern, bei denen die Wirkung einer Anzahl Steroide auf die β-Glucuronidaseaktivität der Mäuseniere untersucht wurden, bewiesen, daß auch in dieser Hinsicht eine bessere Korrelation mit der anabolen als mit der androgenen Wirkung besteht. So sind eine Anzahl wenig androgener Nandrolone und Estrenole deutlich aktiver als Testosteron. Auch die Reduzierung der Doppelbindung bei Δ^4 vermindert die androgene Wirkung des Testosterons, verstärkt dagegen die β-Glucuronidaseaktivität (Tabelle 2).

Tabelle 2. *Der Einfluß verschiedener Steroide auf die β-Glucuronidaseaktivität der Mäuseniere.* (Nach FISHMAN 1961)

	Enzymeinheiten /Gramm
2α,17α-Dimethyl-17β-hydroxy-5α-androstan-3-on	46400
2α-Methyl-17β-hydroxy-5α-androstan-3-on	35275
17β-Hydroxy-estr-4-en-3-on-phenylpropionat (Nandrolon-phenylpropionat)	33230
17α-Äthyl-17β-hydroxy-estr-4-en-3-on (Norethandrolon)	24400
17α-Äthynyl-17β-hydroxy-estr-4-en-3-on (Norethindron)	23500
17α-Methyl-17β-hydroxy-estr-4-en-3-on (Methylestrenolon)	22600
17α-Methyl-estr-4-en-17β-ol	21430
Estr-4-en-17β-ol	18000
17β-Hydroxy-5α-androstan-3-on	16210
17α-Äthyl-estr-4-en-17β-ol (Äthylestrenol)	13450
17β-Hydroxy-estr-4-en-3-on (Nandrolon)	13100
17β-Hydroxy-androst-4-en-3-on (Testosteron)	9050

In allen Fällen wurden insgesamt 7 mg Substanz zugeführt, verteilt über 14 Tage.

Es soll noch über eine Anzahl Untersuchungen an ganzen Organen und auch an intakten Tieren berichtet werden. Die Gruppe von KOCHAKIAN hat schon 1935 die Wirkung des Testosteronpropionats auf das Gewicht einer großen Anzahl verschiedener Muskeln bei der Ratte untersucht. Die Resultate waren recht ungleichmäßig und die Effekte wenig eindrucksvoll.

Das Fehlen des Wachstums von Skeletmuskeln bei Ratten stellte auch SCOW (1952) fest. Die Zunahme des Körpergewichts glaubte er zu einem erheblichen Teil, nämlich zu 25%, einer Gewichtszunahme der Geschlechtsorgane zuschreiben zu müssen. Es wurde schon die Tatsache erwähnt, daß KOCHAKIAN meinte, man dürfe im Zusammenhang mit dem „wearing off"-Effekt das Gewicht der Geschlechtsorgane nicht unbeachtet lassen. Bei der Beurteilung dieser Gegebenheiten sollte bedacht werden, daß eine beträchtliche N-Retention, die der starken Zunahme von Eiweiß zugrunde liegt, über viele Muskeln verteilt wird, so daß für jeden Muskel nur sehr wenig Eiweiß verfügbar ist und der einzelne Muskel nur sehr wenig an Gewicht zunehmen wird. Demgegenüber dürfte für ein beträchtliches Wachstum der Geschlechtsorgane relativ wenig Eiweiß erforderlich sein. Es ist jedoch noch ein anderer Faktor zu beachten, auf den QUERIDO (1962) hingewiesen hat. In erster Linie zitiert er die folgende, von FORBES et al. (1953) übernommene kleine Tabelle über die quantitative Verteilung von Eiweiß über eine Anzahl von Organen bei einem Mann von 53,8 kg Gewicht und einer Größe von 168,5 cm (Tabelle 3). In Übereinstimmung mit den obengenannten Äußerungen kann man erwarten, daß bei einer gleichmäßigen Verteilung des retinierten Stickstoffes der weitaus größte Teil in die Skeletmuskeln aufgenommen werden müßte.

Tabelle 3. *Eiweißmenge beim normalen Menschen.* (Nach FORBES 1953)

	Gramm
Eiweiß insgesamt	10006
Quergestreifte Muskulatur.	4680
Skelet	1864
Haut	942
Fettgewebe	631
Im Blut: Hämoglobin . .	750
Albumin	250

Zu Recht weist QUERIDO jedoch darauf hin, daß dies durch die metabole Aktivität in den betreffenden Organen mitbestimmt wird. In dem einen Organ wird das Eiweiß viel schneller auf- und abgebaut als im anderen (unterschiedliche Halbwertzeiten). Außerdem bestehen Unterschiede zwischen verschiedenen Eiweißen und möglicherweise auch zwischen den Tierarten. In den meisten Fällen ist die notwendige Kenntnis über den Einfluß dieser Faktoren noch nicht vorhanden. Es ist jedoch offensichtlich, daß z.B. das schnell metabolisierte Hämoglobin einen relativ größeren Anteil benötigt, als man nach Tabelle 3 erwarten würde. Was hier tatsächlich vor sich geht, vor allem, wo die Effekte anaboler Stoffe am stärksten wirksam werden, ist jedoch offenbar schwierig vorherzusagen. In dieser Beziehung können Angaben über die Aufnahme radioaktiv markierter Aminosäuren mehr Aufschlüsse geben als die Veränderungen in den Organgewichten. Es ist daher von Bedeutung, daß COSTA et al. (1962) bei Meerschweinchen beobachteten, daß die Testosteronbehandlung die Aufnahme von Glycin-2-^{14}C durch die Muskeln kaum beeinflußte, während die der Geschlechtsorgane stark erhöht war. Bemerkenswert ist, daß bei männlichen kastrierten Ratten DE LOECKER (1965) eine Förderung der Aufnahme des Glycin-U-^{14}C durch Skeletmuskeln feststellen konnte, obwohl die Totalmenge des Stickstoffs in diesen Muskeln signifikant abnahm. Übrigens scheinen sich nicht nur die Tierarten, sondern auch die verschiedenen Muskeln und Aminosäuren verschieden zu verhalten (KOCHAKIAN 1964).

Die Messung der Erhöhung der Arbeitsleistung normaler Skeletmuskulatur hat in Tierexperimenten niemals viel Informationen geben können. Eine Vorbehandlung von Ratten mit Nandrolonphenylpropionat führte nicht zu besseren Kletterleistungen; ebensowenig zeigte sich eine Verbesserung der Schwimmleistung bei Mäusen (BONTA, unveröffentlicht). Es konnte allerdings in Untersuchungen bei mit einem Gewicht belasteten Ratten, die unter Einfluß von elektrischem Strom eine bestimmte Rennbahn zu laufen hatten, eine verkürzte Laufzeit erreicht werden (DE WIED, unveröffentlicht). Wahrscheinlich ist auch das *Streben nach einer Spitzenleistung* die Voraussetzung, um einen derartigen Effekt erreichen zu können.

Die Versuche zur Beeinflussung abnormal veränderter tierischer Skeletmuskulatur durch anabole Stoffe sind gleichfalls wenig erfolgreich gewesen. Weder die durch Vitamin E-Mangel bei Ratten verursachte Muskelatrophie (DE GROOT, unveröffentlicht) noch die angeborene Muskeldystrophie bei Mäusen konnten durch anabole Stoffe beeinflußt werden, obwohl die Lebensdauer deutlich verlängert wurde (Dowben 1959 und Borgman 1963). In einer späteren Veröffentlichung (Dowben et al. 1964) werden aber doch günstigere Effekte auch auf die Muskeln dieser Mäuse mitgeteilt, wenigstens unter bestimmten experimentellen Bedingungen und mit bestimmten Anabolica. Die Autoren glauben, die beobachtete Wirkung nicht nur der anabolen und gewiß nicht der androgenen Wirkung zuschreiben zu müssen, sondern eher den Veränderungen in der Elektrolytzusammensetzung der Muskelzellen. Nur Palecek (1963) fand, daß die Behandlung mit anabolen Steroiden bei Ratten, bei denen der M. gastrocnemius denerviert worden war, die Muskelleistungen nach elektrischer Reizung (in vitro) normalisiert. Ganz abweichend sind die Ergebnisse der Versuche von Durand (1963) mit dem Amphibium Triton. Nach Amputation der Hinterbeine wurde die Regeneration durch Kastration gefördert und durch die Behandlung mit einem Anabolicum gehemmt. Der Zusammenhang zwischen den Tierversuchen und verschiedenen günstigen therapeutischen Erfolgen bei Muskelerkrankungen beim Menschen ist also völlig unklar.

Da der Herzmuskel einen besonderen Platz in der Muskulatur einnimmt, soll eine interessante vorläufige Mitteilung von Blasius et al. (1957) nicht außer acht bleiben. Die Autoren fanden bei Kaninchen nach Zuführung verschiedener anaboler Steroide, sowohl aus der Testosteron- wie auch aus der Nandrolon-Gruppe, eine Zunahme contractiler Proteine, vor allem des γ-Myosin (Contractin), aber auch des α/β-Myosin (Actomyosin). Die Dosierungen lagen sehr hoch. Infolgedessen kann nicht mit absoluter Sicherheit entschieden werden, ob der festgestellte Effekt der anabolen oder aber anderen Wirkungen zuzuschreiben ist. Es ist bedauerlich, daß später fast keine Veröffentlichungen über diese Wirkung der anabolen Steroide mehr erschienen sind. Im Rahmen einer Übersicht zitiert Le Compte (1965) eine Publikation von Tichy et al. (1963). Die letztgenannten Forscher erzeugten experimentell Myokardschäden, indem sie nebennierenlosen, mit Cortison und Aldosteron behandelten Ratten großflächige Hautverbrennungen dritten Grades zufügten. Wurden die Tiere gleichzeitig mit einem anabolen Steroid (Nandrolondecanoat) behandelt, dann wurden die Herzschäden verhütet. Auch liegen noch zwei Arbeiten von Nowy u. a. (1963a und b) vor, die jedoch andere Eigenschaften des Herzmuskels studierten. Sie fanden nach Verabreichung von 4-Chlortestosteron-acetat an normale und herzinsuffiziente Kaninchen eine leichte Verminderung des relativen RNS-Gehaltes im Myokard. Der Gehalt an DNS und das Herzgewicht wurden nicht beeinflußt.

Auch beim Studium der Wirkung anaboler Steroide auf das rote Blutbild ergibt sich die Frage, ob die größere Anzahl Erythrocyten und der höhere Hämoglobingehalt bei Männern und männlichen Tieren der androgenen oder aber der anabolen Wirkung der endogenen männlichen Hormone zuzuschreiben ist. Das ist auch der Fall bei den Untersuchungen, bei denen Steroide zugeführt wurden [Testosteronpropionat bei Affen (Overbeek u. Tausk 1946), bei Meerschweinchen (Overbeek 1946), Nandrolonphenylpropionat bei Ratten (Booy u. Kuypers 1962)].

In allen Fällen wurde eine deutliche Polycythämie festgestellt; diese Stimulierung der Hämatopoese könnte sehr interessant sein. Jedoch ist es für einen quantitativen Vergleich, z.B. zwischen vergleichbaren Testosteron- und Nandrolonestern, erforderlich, eine gezielte Wahl zwischen Steroiden mit vorwiegend androgener oder aber anaboler Wirkung zu treffen. Neueste Untersuchungen von MIRAND et al. (1965) und FRIED und GURNEY (1965) an verschiedenen Tierarten lassen es als wahrscheinlich erscheinen, daß die stimulierende Wirkung des Testosterons auf das Knochenmark einer gesteigerten Erythropoetinbildung in der Nieren zuzuschreiben ist (Zusammenhang mit renotropem Effekt ?)

Untersuchungen am weißen Blutbild ließen den Eindruck entstehen, daß dieses nicht nennenswert durch anabole Steroide beeinflußt wird. Eine Ausnahme bilden vielleicht die eosinophilen Leukocyten. Nach VANHA-PERTTULA (1962) wurde nach Zuführung anaboler Steroide an Ratten eine Zunahme der Eosinophilen gefunden. Dieser Effekt war vor allem bei nebennierenlosen Ratten sehr deutlich. Ester mit verlängerter Wirkung, wie das Phenylpropionat und das Decanoat, verursachten eine deutlich länger andauernde Vermehrung der Eosinophilen im peripheren Blut.

Da das Skelet eine sehr erhebliche Menge Eiweiß enthält (s. Tabelle 3), ist zu erwarten, daß anabole Steroide auch einen Einfluß auf das Skelet ausüben und daß dieser sich in erster Linie auf das Kollagen der Matrix richtet. Sekundär werden dann Wirkungen auf die Zwischensubstanz und auf die Mineralbestandteile kaum ausbleiben können. Am deutlichsten sind diese Effekte bei mit Corticosteroiden behandelten Tieren und da wiederum deutlicher bei Vögeln als bei Säugetieren nachzuweisen (vgl. die Übersicht von KOWALEWSKI 1962). In eigenen Untersuchungen stellte dieser Autor bei Küken und bei Ratten fest, daß die Abnahme von Hydroxyprolin (als ein Maß für den Kollagengehalt), die durch Cortison verursacht wurde, teilweise durch das anabole Steroid Methandrostenolon aufgehoben werden konnte. Dies traf ebenso für Hexosamin aus der Zwischensubstanz wie für die Aufnahme von ^{35}S zu, was sowohl mit den Mucopolysacchariden der Zwischensubstanz als auch mit dem Knorpel in Verbindung gebracht werden könnte. Schließlich wurde auch die durch Cortison bewirkte Abnahme von Calcium und Phosphor normalisiert. Dies zeigte sich sowohl in chemischen Bestimmungen wie auch in histologischen Untersuchungen der Epiphysenzone der Femora bei Versuchstieren. Später (1965) berichtete KOWALESKI, daß nach der Behandlung lactierender Ratten die Jungen ein rascheres Wachstum und außerdem die gleichen Veränderungen von Hexosamin und Hydroxyprolin zeigten, wie sie oben für die direkte Behandlung beschrieben wurden. Eine Umfangs- und Gewichtszunahme des Femur bei mit anabolen Steroiden behandelten Ratten stellten RÖNNING et al. (1964) und NISHIDA (1965) fest: letzterer beobachtete dasselbe auch bei einer durch Corticosteroide herbeigeführten katabolen Situation. Ein merkwürdiges Syndrom mit Skeletveränderungen — Calcifizierung der Arterien und Nieren und starkem Eiweißkatabolismus — kann bei der Ratte durch die Behandlung mit

Dihydrotachysterol (DHT) hervorgerufen werden. Dieses Syndrom und dessen Beeinflussung, unter anderem durch anabole Steroide, wurde sehr ausführlich von SELYE et al. (1965) untersucht; sie fanden, daß den einzelnen Veränderungen durch bestimmte anabole Steroide vorgebeugt werden konnte, wenn auch in unterschiedlichem Maße.

WATTS et al. (1965) beschäftigten sich mit dem Einfluß auf ein anderes Stützgewebe, und zwar auf das Bindegewebe. Sie stellten bei ihren Beobachtungen der Wundheilung bei Meerschweinchen fest, daß eine Behandlung mit einem anabolen Steroid (Nandrolondecanoat) die Zugfestigkeit der Wunde erhöht; aufgrund der Bestimmung des Hydroxyprolin und der ^{35}S-Aufnahme dürfte das einer gesteigerten Mucopolysaccharidbildung zuzuschreiben sein und nicht einer Kollagenzunahme. CIPERA et al. (1965) beobachteten bei rachitischen Küken nach Verabreichung einer hohen Dosis eines anderen anabolen Stoffes (Norethandrolon) im Knorpel lediglich eine Verringerung des Enzyms Hexosamin-Synthetase, jedoch keinen Effekt auf Hexosamin, Hydroxyprolin und alkalische Phosphatase; wohl fanden sich aber im Kamm, der ein gesteigertes Wachstum zeigte, die erwarteten Effekte. Es ist daher nicht unwahrscheinlich, daß die Rachitis das Fehlen der Reaktion im Knorpel bewirkte. Die wichtige Frage, ob das Knochenalter („bone-age") durch die vorwiegend anabolen Steroide in gleicher Weise beeinflußt wird wie durch die hauptsächlich androgenen Steroide, konnte jedenfalls bei der Ratte nicht beantwortet werden, da sogar Testosteron bei der wachsenden Ratte keinen Einfluß auf die Entwicklung des Skelets zu haben scheint (OVERBEEK et al. 1962). (Beim Menschen scheinen in der Tat die anabolen Steroide bei gleicher Wachstumsförderung das Knochenalter weniger zu beeinflussen als die Androgene;). Für weitere tierexperimentelle Untersuchungen über anabole Steroide und das Skelet sei auf die obengenannte Arbeit von KOWALEWSKI verwiesen.

In den bisherigen Abschnitten war mehrmals die Rede vom renotropen Effekt der anabolen Steroide, worunter die Gewichtszunahme der Niere zu verstehen ist. Sie wurde schon von KOCHAKIAN bei seinen ersten Experimenten beschrieben. Viel später fand dieser Autor, daß die Aufnahme von Leucin-^{14}C in das Niereneiweiß nach Kastration abnimmt, nach Testosteronbehandlung dagegen zunimmt. Der Angriffspunkt liegt in den Mikrosomen (KOCHAKIAN et al. 1963).

FISHMAN stellte fest, daß die β-Glucuronidaseaktivität in der Niere zunahm (S. 14), während KASSENAAR die Wirkung auf DNS und RNS untersuchte (S. 12). FRIEDEN et al. (1964) zeigten, daß die Zunahme der Aktivität der Enzyme δ-Aminosäureoxydase und β-Glucuronidase von dem die Eiweißsynthese hemmenden Actinomycin-D gehemmt wird. Die in vitro-Aufnahme von Glycin-^{14}C wurde jedoch nicht gehemmt. Dazu ist zu beachten, daß die Inkorporation von Aminosäuren in mit Trichloressigsäure präcipitierbarem Eiweiß nicht dasselbe ist wie Proteinbiosynthese (KORNER 1962). Alle diese Untersucher fanden, daß die renotrope Wirkung nicht parallel mit der androgenen und nur teilweise mit der anabolen Aktivität der untersuchten Steroide verläuft. Über die physiologische und therapeutische Bedeutung der renotropen Aktivität der Steroide läßt sich vorläufig noch nichts mit Sicherheit sagen. Es hat nicht den Anschein, als ob die exkretorische Funktion der Nieren deutlich beeinflußt würde. In diesem Zusammenhang sind die Ergebnisse von JELLINEK et al. (1963) von Bedeutung. Sie fanden ebenso wie KASSENAAR analoge Wirkungen anaboler Steroide auf DNS und RNS der kompensatorisch hypertrophierenden Mäuseniere. Histologische Untersuchungen zeigten gleichfalls, daß die Regeneration nach Quecksilbervergiftung durch dieselben anabolen Steroide nicht gefördert wird (eigenartigerweise jedoch wohl durch das anabol unwirksame Steroid 2-Bromandrost-4-en-3,17-dion).

Eine Anzahl anaboler Steroide haben eine Wirkung auf die *Leber*, die in einem Ikterus und in einer verminderten BSP-Exkretion zum Ausdruck kommen kann. Diese Wirkung ist hauptsächlich bei den 17α-Methyl- und Äthylverbindungen gefunden worden, nicht dagegen bei den Estern von Testosteron und Nandrolon. So fanden KOLB et al. (1962), daß die Ausscheidung von mit ^{131}J markiertem Bengalrosa in die Fistelgalle von Ratten von allen geprüften, in 17-Stellung alkylierten anabol wirksamen Steroiden mehr oder weniger stark eingeschränkt wurde. THOMAS (1964) beobachtete bei Ratten, 1 Std nach Verabreichung von Norethandrolon, eines anabolen Steroids mit einer 17α-Äthylgruppe, eine beträchtliche Reduktion der Phosphorylaseaktivität und des Glykogengehalts der Leber. Genaue Untersuchungen über die Ursachen dieser Effekte haben ARIAS et al. (1961 a, b), GOLDFISCHER et al. (1962) und SCHAFFNER et al. (1962) durchgeführt. Eine Übersicht über ihre Versuche an der Ratte und beim Menschen hat ARIAS veröffentlicht. Es scheint, daß weder die Bildung noch die Konjugation des Bilirubin verändert ist, daß jedoch die Sekretion der Gallenkanälchen gestört ist. Elektronenmikroskopische Aufnahmen zeigten, daß diese erweitert und fragmentiert sind; histochemisch können in der Umgebung der Caniculi Veränderungen der ATP-ase, der alkalischen Phosphatase und in den Lysosomen nachgewiesen werden. Andere Wirkungen auf die Leber sind nicht besonders auffallend. Es sei noch darauf hingewiesen, daß nach RAIFORD u. WONG (1962) bei Küken die Fähigkeit, Cholesterol und Fettsäuren aus Essigsäure zu synthetisieren, durch die Zufuhr von Testosteronpropionat erhöht werden kann. FARBER u. POPPER (1950) fanden, daß die Zunahme des Leberfettes nach Verabreichung von Äthionin bei männlichen Ratten ausgeprägter ist als bei Kastraten und bei Weibchen. Weitere Untersuchungen von KLEMM (1962) haben gezeigt, daß dieser Zustand von Testosteronpropionat und von Nandrolonphenylpropionat normalisiert wird.

Am schwierigsten zu beurteilen sind die Versuche an experimentellen Tumoren, da man ja nicht weiß, inwiefern diese Ergebnisse auf den Menschen übertragbar sind. Seitdem sich die Therapie mit anabolen Steroiden bei menschlichen Mammacarcinomen eingebürgert hat, sind mehrmals Tierversuche angestellt worden, die jedoch keine überzeugenden Unterlagen für diese Anwendung liefern konnten. Beim Sarkom 180 und dem Ehrlich-Ascitescarcinom der Maus wurden sogar von DREWS et al. (1964a und b) nach Verabreichung eines bestimmten anabolen

Steroids (Methenolon) eine Förderung der Aufnahme von Glycin-^{14}C und des Eiweißgehaltes der Tumoren gefunden. Offen bleibt, ob andere anabole Steroide einen gleichen Effekt haben und welche praktische Bedeutung diese Beobachtung hat.

Die im obigen Kapitel beschriebenen Wirkungen scheinen nicht nur den Eiweißstoffwechsel zu betreffen, wie im Titel angegeben. Es ist aber oft schwierig, zu entscheiden, ob nicht einer scheinbar unabhängigen Wirkung doch eine eiweißanabole Wirkung zugrunde liegt; übrigens gilt das gleiche für manchen therapeutischen Effekt. Jedenfalls haben diese Ergebnisse dazu geführt, daß eine größere Anzahl von Steroiden synthetisiert wurde; sie sollten selbstverständlich im Laboratorium möglichst quantitativ auf ihren eventuellen klinischen Wert geprüft werden. Darum soll das nächste Kapitel rein methodischer Art sein.

III. Methoden zur Untersuchung anaboler Steroide

"Give us the tools to work with, and we'll finish the job."
W. Churchill

Die in der Einleitung dargestellten Definitionen des Begriffes „anabol" und die im zweiten Kapitel beschriebenen Wirkungen von anabolen Steroiden gaben ausreichende Kriterien für Untersuchungsmethoden. Welche von diesen Kriterien für praktische Zwecke am meisten geeignet sind, hängt natürlich von der Fragestellung der Untersuchung ab. Es ist ein wesentlicher Unterschied, ob aus einer großen Anzahl von Steroiden einige ausgewählt werden sollen, die eine weitergehende Untersuchung aussichtsreich erscheinen lassen könnten („screening"), oder ob man ermitteln will, um wieviel stärker wirksam ein bestimmtes Steroid im Vergleich zu einem anderen ist. Wenn es jedoch möglich ist, zur selben Zeit eine vergleichbare quantitative Information auch über andere wichtige Wirkungen, wie z.B. die androgene Wirkung zu erlangen, dann ist ein Test, der dies ermöglicht, besonders wertvoll. Auch der Zeitfaktor muß bei der Versuchsanordnung berücksichtigt werden, und zwar sowohl hinsichtlich der Geschwindigkeit, mit der eine bestimmte Wirkung einsetzt, als auch der Dauer der Wirkung. Nicht zuletzt müssen die Durchführbarkeit in ihrer Gesamtheit und der Zeit- und Arbeitsaufwand genannt werden, der nötig ist, um der erwünschten Sicherheit zu einem bestimmten Ergebnis zu gelangen.

Für das „screening" wird man stets eine Versuchsanordnung auswählen, die es erlaubt, möglichst viele Stoffe in einem möglichst kurzen Zeitraum zu untersuchen. Zu diesem Zweck sollte man sich Einschränkungen u. a. bezüglich der Genauigkeit (Anzahl der Versuchstiere) und der Art der Zuführung erlauben dürfen. Man sollte die Möglichkeit, einen positiven Effekt zu finden, besonders aussichtsreich gestalten und deshalb in einem derartigen „Screening-test" die Dosis relativ hoch ansetzen sowie als Zuführungsart die parenterale wählen, da es häufiger vorkommt, daß parenteral wirksame Stoffe oral unwirksam sind als umgekehrt. Im Laboratorium des Verfassers wird daher die folgende Versuchsanordnung für die „Screening" der Steroide verwendet: vier männliche, vier kastrierte männliche, vier weibliche und vier kastrierte weibliche Ratten mit einem Anfangsgewicht von etwa 80 g werden 2 Wochen lang täglich subcutan mit 1 mg des zu prüfenden Steroides behandelt. Als Vergleichsobjekt dienen entsprechende unbehandelte Gruppen. Eine anabole Wirkung wird an der Gewichtszunahme des M. levator ani der kastrierten männlichen Ratten beobachtet. Die Gewichte der Samenblase und der ventralen Prostata dieser Versuchstiere liefern gleichzeitig einen Anhaltspunkt für die androgene Wirkung. Aber auch eine oestrogene Wirkung wird, falls sie vorhanden ist, festgestellt (Vaginalausstrich und Uterusgewicht der kastrierten weiblichen Ratten). Das Gewicht von Testikeln und Ovarien der nicht kastrierten Ratten gibt Aufschlüsse über eine eventuelle Gonadenhemmung. Körpergewicht, Nebennieren und Thymusgewicht nehmen ab, wenn eine corticoide Aktivität vorhanden ist. Es liegt auf der Hand, daß bei diesem Test nur nach der Antwort auf eine eng umgrenzte Frage gesucht wird: Hat der untersuchte Stoff bestimmte hormonale Wirkungen? Bei dieser Fragestellung müssen viele andere Aspekte, insbesondere Fragen quantitativer Art, außer acht gelassen werden. Dies ist ein Verfahren grober Aussiebung, bei dem die Spreu vom Weizen getrennt wird, aber auch der Weizen kann dabei noch von recht minderer Qualität sein.

Eine ganz andere Situation ist gegeben, wenn die Frage gestellt wird, ob ein Stoff quantitativ besser als ein anderer ist oder wenn der Kliniker darüber Aufschluß erhalten will, welche Wirkungen er bei niedrigen bzw. hohen Dosen erwarten kann. Dies wird er vorzugsweise in Zahlen ausgedrückt haben wollen, und zwar in so wenig wie möglich Zahlen. Das hat zur Berechnung eines anabolen/androgenen Quotienten geführt, einer Verhältniszahl, die in unserem Fall beweisen soll, daß ein Stoff relativ stark anabol und relativ schwach androgen ist — dies wäre das in den meisten Fällen erwünschte Ergebnis. Wir werden zeigen, daß verschiedene Methoden entwickelt worden sind, um zu diesen Verhältniszahlen zu gelangen. Es ist jedoch nützlich, schon jetzt festzustellen, daß der praktische Arzt von einer solchen Zahl weitgehend allgemeine Gültigkeit voraussetzt. Wenn er sich auch darüber klar ist, daß eine in Tierversuchen ermittelte Zahl vielleicht beim Menschen von anderem Wert sein kann, so könnte doch schon die ihm geläufige und richtige Anwendung von biologischen Einheiten, wie sie z. B. bei der Aktivität von Insulin- und Penicillinpräparaten üblich ist, ihn zu einer sorglosen Anwendung ähnlicher Meßwerte veranlassen. Gerade die anabolen/androgenen Werte sind aber stark von der angewendeten Methode abhängig, und schon die Versuchsanordnung kann dazu führen, daß sie nur für eine Dosis gültig sind. Dies wird später bei der Beschreibung der Methoden an Hand von Beispielen dargelegt werden.

Ein anderer wesentlicher Gesichtspunkt ist, daß, im Gegensatz zum Vorgehen beim Screening, hier die Präparate weitgehend entsprechend der klinischen Therapie zugeführt werden müssen, also oral für orale Präparate und einmalige, nicht tägliche Zufuhr für Präparate mit verlängerter Wirkungsdauer.

Der Pharmakologe muß daher bestrebt sein, eine möglichst allgemeingültige Information zu geben. Zumindest sollte er deutlich machen, wo die Begrenzungen seiner Definitionen liegen.

Als Kriterium für eine Wertbestimmung ist in erster Linie die primäre Wirkung des zu bestimmenden Stoffes zu nennen. Dies ist folglich bei den anabolen Steroiden die N-Retention. Trotzdem wird dieses aus theoretischen Erwägungen beste Kriterium besonders wenig gebraucht. Die Gründe hierfür liegen auf der Hand. Der für unvermeidliche Standardisierung der Versuchsbedingungen erforderliche Arbeitsaufwand und die vielen Bestimmungen haben zur Folge, daß diese Methoden höchstens dann angewendet werden, wenn ein letzter überzeugender Beweis für die anabole Wirkung geliefert werden soll. Eine genaue Zahl, die die Aktivität angibt (potency ratio), ist nur durch Verwendung vieler Versuchstiere zu erreichen, und diese große Tierzahl erfordert einen fast undurchführbaren Arbeitsaufwand. Schließlich ist es nicht gut möglich, bei denselben Tieren auch einen quantitativen Eindruck von der androgenen Wirkung zu erhalten. Auf folgende Veröffentlichungen sei hingewiesen: ARNOLD et al. (1959) verwenden die Stickstoffretention bei erwachsenen kastrierten Ratten als Testkriterium. Die androgene Aktivität wurde bei 22 Tage alten kastrierten Ratten bestimmt. Die Tiere waren vorher 3—4 Monate lang adaptiert und in ein Stickstoffgleichgewicht gebracht worden. Der Test selbst erstreckte sich dann über 5 Tage nach einer Vorperiode von 3 Tagen. Die Versuchstiere konnten einmal in 6 Wochen verwendet werden. DESAULLES et al. (1959) wandten einen ähnlichen Test bei Ratten an. Neuerlich wurde von LEIBETSEDER u. STEININGER (1965) ein Test beschrieben, bei dem durch Stickstoffbestimmung an ganzen, kastrierten männlichen Ratten, Futteraufnahme und Körpergewichtsänderung verschiedene Parameter berechnet werden konnten, nämlich

1. die PER (Protein Efficiency Ratio) $= \frac{\text{Körpergewichtszunahme}}{\text{Proteinaufnahme in Gramm}}$

2. die Stickstoffzunahme = analytisch ermittelter End-N-Gehalt des Tieres minus Anfangs-N-Gehalt, ermittelt durch Bestimmung bei einer am Anfang des Versuches getöteten Kontrollgruppe, und schließlich

3. die PPW (Produktiver Protein Wert) $= \frac{\text{N-Zunahme}}{\text{N-Aufnahme}} \times 100.$

Obwohl die Methode aus theoretischen Überlegungen einladend scheint, ist sie so arbeitsintensiv, daß bei dem als Beispiel beschriebenen Vergleich von vier Steroiden nur eine Dosierung verwendet wurde. Die Autoren stellen fest, daß die Ergebnisse nicht mit denen ihrer Levator ani-Teste übereinstimmen. Letztere kommen uns aber wahrscheinlicher vor (Testosteronpropionat 1 mg/kg, 14 Tage hindurch subcutan injiziert, hatten keine Wirkung auf die N-Werte, aber eine sehr starke Wirkung auf M. levator ani und Samenblasen!). STUCKI et al. (1960) entwickelten eine Versuchsanordnung, bei der die N-Bilanz von kastrierten Rhesusaffen untersucht wurde. Nach einer Anpassungsperiode erstreckte sich der Test einschließlich der Kontrollperioden und deren Wiederholung auf über 50 Tage. Die Versuchsbedingungen waren sehr streng standardisiert (Klimaanlage, 12 Std Licht, Musik, gleiches Pflegepersonal usw.). Bei insgesamt acht Affen wurden zwei Stoffe in zwei Dosierungen verglichen. Die androgene Wirkung wurde an kastrierten männlichen Ratten bestimmt.

Eine andere, unmittelbar auf die Beeinflussung des Eiweißstoffwechsels gerichtete Methode wurde durch METCALF u. BROICH (1961) beschrieben. Sie beruht auf der verstärkten Aufnahme von mit ^{14}C markierter α-Amino-Isobuttersäure.

Mehrere Autoren (Rinne u. Naatanan 1958, Overbeek et al. 1962, Renzi u. Chart 1962) haben die antikatabole Wirkung benützt, indem sie der Abnahme des Körpergewichts von mit Corticosteroiden behandelten Ratten entgegenwirkten. An Stelle von Corticosteroiden wird auch Dihydrotachysterol (A.T. 10) als katabole Substanz verwendet (Selye u. Mishra 1958, Selye u. Renaud 1958, Selye et al. 1965). Die Wirkungen waren deutlich, aber zu gering und die Streuung zu groß, um mit einer vertretbaren Anzahl von Versuchstieren zu ausreichend genauen Ergebnissen zu gelangen.

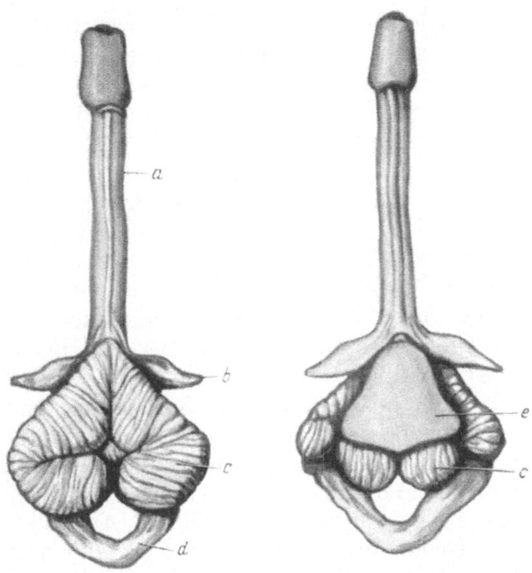

Abb. 6. Die Muskeln des Perineums der Ratte. *1* Ventral; *2* dorsal. *a* Penis; *b* M. ischio-cavernosus; *c* M. bulbo-cavernosus; *d* M. levator ani; *e* Bulbus penis (Wainman u. Shipounoff 1941)

Es ist einleuchtend, daß für die Praxis Methoden dieser Art kaum brauchbar sind. Deshalb wird meist die myotrophe Wirkung als Basis für die Wertbestimmung gewählt. Wir zeigten bereits, daß bei den meisten Tierarten die Skeletmuskeln relativ schlecht auf anabole Steroide reagieren und darum nicht recht brauchbar sind. Eine Ausnahme bildet der M. temporalis beim Meerschweinchen, der schon 1938 als Testkriterium verwendet wurde (Papanicolaou u. Falk). Später fanden Wainman u. Shipounoff (1941), daß die Muskeln des Perineum bei der Ratte (s. Abb. 6) für anabole Steroide sehr empfindlich sind. Von diesen Muskeln erwies sich vor allem der M. levator ani (MLA) als sehr geeignet, sowohl wegen der Genauigkeit, mit der dieser Muskel auspräpariert werden kann, als auch wegen ihrer starken Gewichtszunahme nach der Behandlung der Versuchstiere mit anabolen Steroiden. Andere Muskeln des Perineum reagieren in gleicher Weise.

Dessenungeachtet sind auch kritische Stimmen über die Verwendbarkeit des MLA zur Prüfung der anabolen Aktivität nicht ausgeblieben.

Sie behaupteten hauptsächlich, daß der MLA als sekundäres männliches Geschlechtsmerkmal anzusehen ist und, wie man unterstellt, in dieser Eigenschaft speziell auf androgene Wirkungen empfindlich reagiert (vgl. z.B. NIMNI u. GEIGER 1957). Dies würde erklären können, warum der MLA soviel stärker auf anabole (androgene) Steroide reagiert als die Skeletmuskulatur. Anatomisch gesehen ist dieser Einwand offenbar dadurch wohl begründet, daß der MLA bei weiblichen Ratten nur rudimentär angelegt ist. HAYES (1965) hat sogar darauf hingewiesen, daß es einen Levatorani-Muskel, wie wir ihn beim Menschen, Hund und Katze kennen, bei Ratten nicht einmal gibt! Was man M. levator ani nennt, ist der dorsale Teil des M. bulbocavernosus (DBC) und gehört als solcher noch mehr zum männlichen Geschlechtsapparat als man bisher angenommen hat. HAYES zeigt auch, daß andere muskuläre männliche Geschlechtsorgane, wie der Penis, mit ihrer Reaktion auf anabole Steroide eine Zwischenstellung zwischen DBC (MLA) und Samenblasen und Prostata einnehmen. Mit anderen Worten, alle diese Organe sind Geschlechtsmerkmale, die zwar für die Wirkung der Androgene verschieden empfindlich sind, aber doch alle als männlich betrachtet werden sollen. Er schlägt deshalb vor, die anabolen Steroide quasi-Androgene zu nennen. Die Auffassung HAYEs ist eine rein anatomische. Aus pharmakologischer Sicht ist auf Grund seiner eigenen Versuche und denen vieler anderer Autoren der MLA, besser DBC genannt, wegen seiner geringen Empfindlichkeit auf Androgene und seiner starken Reaktion auf anabole (oder quasi-androgene) Steroide sicherlich ein brauchbares Kriterium für die letztgenannte Wirkung. Untersuchungen an vielen Steroiden mit anaboler und androgener Wirkung haben gezeigt, daß die Samenblase und die Prostata viel stärker auf „echte" Androgene reagieren als die MLA, während die „echten" Anabolica diese Organe in umgekehrter Reihenfolge bevorzugen. Da die pharmakologische Brauchbarkeit auf Unterschieden in der Empfindlichkeit der verschiedenen Organe beruht, ist es klar, daß man diese nicht finden kann, wenn man zu hohe Dosierungen verwendet, bei denen jeder Unterschied verschwinden muß. Das ist zweifelsfrei die Ursache, daß BÉRANGER et al. (1963) die gleiche Reaktion von MLA und Samenblase fanden: ihre Ablehnung dieser Methode aus diesem Grunde ist daher nicht gerechtfertigt. Außerdem gibt es ein fraglos nicht männliches Organ, nämlich den Uterus, der in dieser Beziehung ebenso wie der MLA reagiert. Abb. 7, einem Artikel von OVERBEEK et al. entnommen, zeigt dies deutlich: während die Samenblase eindeutig stärker auf Testosterondecanoat als auf Nandrolondecanoat reagiert, ist dies an dem MLA und dem Uterus genau umgekehrt. In diesem Zusammenhang sei darauf hingewiesen, daß Nandrolondecanoat bei Ratten nicht die geringste oestrogene Wirkung hat. Es wirkt sogar antioestrogen (DE VISSER u. OVERBEEK 1960).

Auch SERIZAWA (1961) schreibt das Wachstum der Uterusmuskulatur nach Zuführung anaboler Steroide deren anaboler Wirkung zu. Bei einem Vergleich von vier Steroiden fand er sowohl im Levator ani-Test als auch beim Uterusgewichtsversuch die gleiche Reihenfolge abnehmender Aktivität: Nandrolonphenylpropionat > Testosteronpropionat > Methylandrostendiol > 4-Chlortestosteronacetat. Das Problem scheint daher auch nicht zu sein, warum der MLA (und der Uterus) bei der Ratte auf anabole Steroide reagieren, sondern eher, warum die anderen Muskeln so überraschend wenig reagieren.

Die Versuche, bei denen die Gewichtszunahme des MLA als Kriterium angesehen wird, werden auf sehr unterschiedliche Weise durchgeführt; jedoch verwenden alle Untersucher kastrierte männliche Ratten als Versuchstiere.

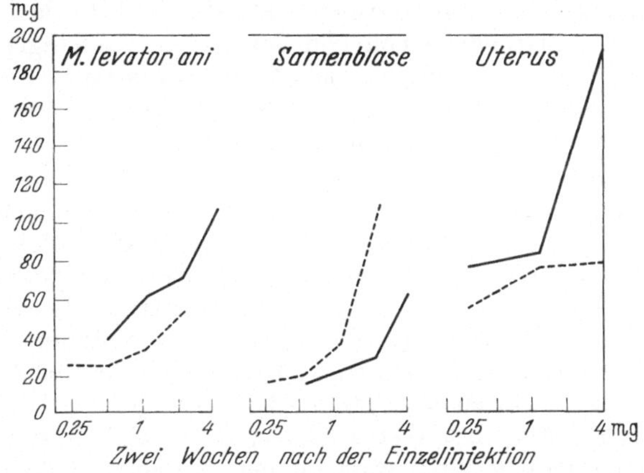

Abb. 7. Der Einfluß einer einmaligen subcutanen Verabreichung von Nandrolondecanoat ——— bzw. Testosterondecanoat – – – – auf das Gewicht des M. levator ani, der Samenblase und des Uterus der Ratte. Die Sektion fand 2 Wochen nach der Injektion der in der Abszisse angegebenen Dosierungen statt

Der ursprüngliche Test, der von Eisenberg u. Gordan (1950) beschrieben wurde, ist ein therapeutischer Versuch, wobei 3 Wochen alte Ratten kastriert werden; sie werden dann 3 Wochen später für den Versuch verwendet. Die Behandlungsdauer beträgt eine Woche. Später entwickelten Hershberger et al. (1953) einen prophylaktischen Test, bei dem die Ratten, die ebenso zur Zeit der Kastration 3 Wochen alt sind, *anschließend an die Operation* eine Woche lang behandelt werden. Desaulles (1962) bevorzugt einen therapeutischen Test, bei dem die Versuchstiere zum Zeitpunkt der Kastration fast erwachsen sind, so daß der MLA nicht als Folge spontanen Körperwachstums weiterwächst. Desaulles beginnt mit der Behandlung 2 Wochen nach der Kastration und sucht jene Dosis, die eine Wiederherstellung des „Normalen" bewirkt; letzteres wird durch Vergleich mit nicht kastrierten Ratten gleichen Alters und gleicher Gewichtsklasse beurteilt. Ein ähnlicher Restitutionsversuch, bei dem jedoch jüngere Versuchstiere verwendet wurden, wurde von Junkmann u. Suchowsky (1962) entwickelt.

Zur Untersuchung lange wirkender Ester wurde unter anderem von Overbeek u. de Visser (1961) und Overbeek et al. (1962) der obengenannte *Hershberger-Test* verwendet, wobei jedoch die zu untersuchenden Präparate nur einmal zugeführt und die Tiere gruppenweise nach 1, 2, 4 oder 6 Wochen oder sogar noch später, je nach der Wirkungsdauer der Präparate, getötet wurden.

Es ist einleuchtend, daß bei Anwendung dieser recht verschiedenen Versuchsanordnungen auch bei Verwendung des gleichen Standardpräparates unterschiedliche Werte für die Aktivität und daher sicher auch für die anabolen/androgenen Wertbemessungen zu erwarten sind. Abgesehen von der Auswahl und der Behandlung der Versuchstiere ist die Art der Auswertung der Versuchsergebnisse von großer Bedeutung. An dieser Stelle muß deshalb die obengenannte Frage nach der Dosisabhängigkeit der angegebenen Aktivitäten diskutiert werden.

Die richtige Methode, einen von der Dosis unabhängigen Meßwert zu erreichen, der angibt, um wie viele Male ein bestimmter Stoff stärker wirkt als ein anderer, besteht darin, daß man für jede zu untersuchende Wirkung getrennte Dosis-Wirkungskurven beider Präparate anlegt (beispielsweise ein Paar für die anabole Wirkung, ein Paar für die androgene Wirkung, ein Paar für jede andere in diesem Zusammenhang interessierende Wirkung). Wenn für eine Wirkung diese Dosis-Wirkungskurven parallel laufen, ist es möglich, ein Aktivitätsverhältnis R zu berechnen. Wenn es möglich ist, ein solches Verhältnis sowohl für die anabole als auch für die androgene Wirkung zu bestimmen ($R_{\text{anab.}}$ und $R_{\text{andr.}}$), kann man auch ein anabol/androgenes Verhältnis Q berechnen, indem man $R_{\text{anab.}}$ durch $R_{\text{andr.}}$ teilt. Die Berechnung geschieht nach Finney (1952). Alle drei Werte, $R_{\text{anab.}}$, $R_{\text{andr.}}$ und Q sind dann von der Dosis unabhängig, und zwar in dem Bereich, in dem die Dosis-Wirkungskurven parallel laufen. Dies gilt immer nur für einen bestimmten Bereich. Bei höheren Dosen werden die Kurven flacher; es wird dann ein maximaler Effekt erreicht, der für anabole und androgene Wirkungen nicht bei der gleichen Dosis eintritt. Infolgedessen ändert sich die Dissoziation zwischen anaboler und androgener Wirkung bei höheren Dosen. Ahren et al. (1962) halten dies für ein Argument gegen den MLA-Test. Derartige Abweichungen werden sich jedoch immer ergeben und sprechen nicht gegen einen Test als solchen. Man kann ähnliches bei jedem Test erwarten. Die nachstehende Abb. 8 und die berechneten R- und Q-Werte (Tabelle 15 s. S. 49) sind einer Publikation von Overbeek et al. entnommen; danach war ein derartiger Vergleich von drei Stoffen, Methyltestosteron, Äthylestrenol und Norethandrolon möglich. Es ist wichtig, darauf hinzuweisen, daß, obwohl diese Quotienten demnach offenbar dosisunabhängig sind, ein Vergleich mit Hilfe anderer Methoden und beim Menschen andere Werte ergeben kann. Andererseits sollte festgehalten werden, daß nach unserer Erfahrung die beim Menschen beobachteten Effekte in zufriedenstellender Übereinstimmung mit den Befunden, die man nach den experimentellen Untersuchungen erwarten konnte, waren.

Man findet jedoch öfters in Veröffentlichungen Berechnungen, die sich wahrscheinlich auf richtige Beobachtungen stützen, die aber den erforderlichen Voraussetzungen keineswegs entsprechen. Folgende falsche Schlußfolgerungen mögen dies illustrieren:

1. „1 mg eines Stoffes A verursacht eine um 25% größere Zunahme des Gewichtes des MLA (oder ein um 25% größeres MLA-Gewicht als 1 mg von Stoff B). Also ist A um 25% stärker wirksam als B.“ In Wirklichkeit kann aber A vielfach aktiver sein als B.

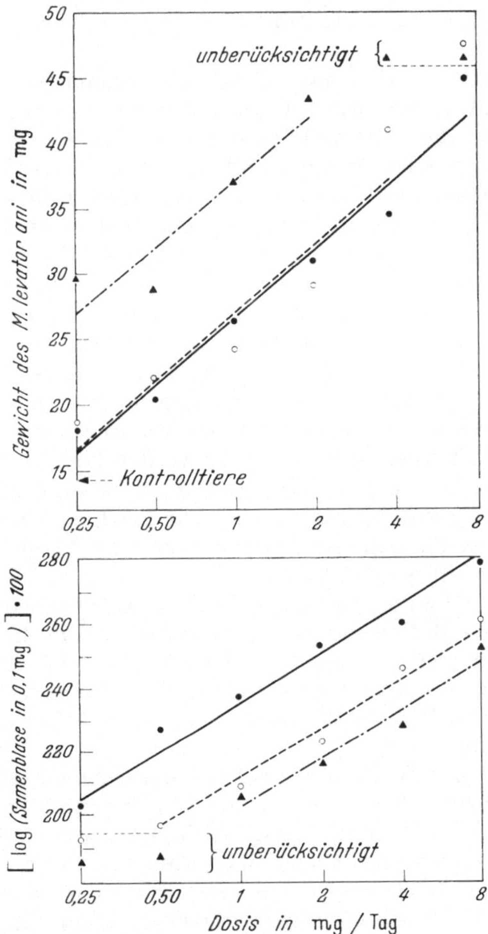

Abb. 8. Quantitativer Vergleich mittels Dosiswirkungskurven (errechnete Regressionswerte) von Methyltestosteron ○——○, Norethandrolon ○– – –○ und Äthylestrenol △– – –△. Tägliche orale Verabreichung an Ratten über 1 Woche (OVERBEEK et al. 1962)

2. „Ein anaboles/androgenes Verhältnis wird berechnet durch das mittlere Gewicht des MLA, geteilt durch das mittlere Gewicht der Samenblase von einer Gruppe Ratten, die mit einer bestimmten Dosis behandelt wurden.“ Der so erreichte Quotient ist immer von der Dosis abhängig und hat daher keinen allgemeingültigen Wert.

3. „Eine durchschnittliche Reaktion wird für jeden Stoff aus den Effekten berechnet, die bei verschiedenen Dosen erreicht wurden, und

daraus wird ein Aktivitätsverhältnis *R* errechnet; die Dosis-Wirkungskurven laufen jedoch nicht parallel.“ Jede Dosis ergibt einen anderen Wert für *R*.

4. „Das anabole/androgene Verhältnis *Q* eines Stoffes A ist gleich a.“ Eine derartige Formulierung ist unrichtig, denn man kann von einem Wirkungsverhältnis bei einem Stoff A nur im Vergleich zu einem Stoff B sprechen.

Dadurch wird also klar, daß bei den obengenannten Versuchsanordnungen von Desaulles, Junkmann u. Suchowsky, bei denen immer nur eine Dosis in die Berechnung einbezogen wurde — wenn auch verschiedene Dosen gegeben wurden und diese begrenzten Dosierungen an sich sehr interessant sein mögen —, keine Gewähr für die Allgemeingültigkeit der errechneten *R*- und *Q*-Werte vorhanden war. Ein interessanter Versuch, die Schwierigkeit, daß Dosis-Wirkungskurven nicht immer parallel verlaufen, zu umgehen, wurde von Brode und Weifenbach (1963) unternommen. Sie versuchen, eine Formel der Enzymkinetik für die Berechnung der Aktivitätsverhältnisse anzuwenden. Es wird angenommen, daß die Bindung zwischen Wirkstoff und Komplex eine Reaktion erster Ordnung ist und infolgedessen auch nicht parallele Dosis-Wirkungskurven nach den Lineweaver-Burk-Gleichungen (1934) der Michaelis-Menten-Kinetik analysiert werden können. Für die beiden gegebenen Beispiele scheint dies zuzutreffen, in diesen Beispielen weichen die Dosis-Wirkungskurven aber nicht sehr stark voneinander ab. Der mögliche Wert der Methode wird erst an Hand der Vergleiche sehr vieler Substanzen beurteilt werden können.

Sehr verwirrend ist es, daß dasselbe Symbol *Q* bei fast jedem Untersucher eine andere Bedeutung hat, ohne daß der Autor dies ausdrücklich angibt. Der Leser, und insbesondere der Arzt, der sich für ein anaboles Präparat für die Therapie entscheiden will, sollte sich dessen bewußt sein und immer versuchen, zu ergründen, wie die betreffenden *Q*-Werte zustande gekommen sind.

Unsere Kritik und Warnung richtet sich natürlich ausschließlich gegen die mitunter unzutreffende Bedeutung, die bestimmten Werten beigemessen wurde. Es ist immer möglich, beispielsweise anhand der gezeichneten Dosis-Wirkungskurven einen Eindruck von den pharmakologischen Wirkungen eines Stoffes zu erhalten. Es ist nur nicht immer möglich, diesen Eindruck in vertretbarer Form in einer Zahl zusammenzufassen.

Die genannten Berechnungen über die Aktivitätsverhältnisse *R* und über die anabole/androgene Verhältniszahl *Q* sind natürlich nicht auf den Levator ani-Test beschränkt. Prinzipiell kann man auch jedes andere Kriterium für anabole oder androgene Wirkungen wählen. Man findet dann jedoch meist andere Werte. Dies wird an Hand der in Tabelle 4 folgenden, einer Publikation von Manson et al. (1963) entnommenen Zahlen deutlich dargestellt. Diese Autoren verglichen die Wirkung des später noch zu nennenden 17β-Hydroxy-17α-methyl-androstano(2,3d)-isoxazols parenteral mit Testosteronpropionat und oral mit Methyltestosteron in dem obengenannten N-Retentionstest und im

Levator ani-Test. Es ist auffällig, daß bei dem parenteralen Vergleich der myotrophe/androgene Quotient höher ist als der N-Retention/androgene Quotient, während beim oralen Vergleich genau das Gegenteil der Fall ist. Vor allem im letzteren Fall sind die Unterschiede beträchtlich.

Tabelle 4. *Unterschiede zwischen anabolen/androgenen Verhältniszahlen (Q), berechnet auf Grund der N-Retention bzw. des Levator ani-Gewichtes als Kriterium für die anabole Wirkung*

17β-Hydroxy-17α-methyl-androst-4-ano-(2,3-d)-isoxazol, parenteral mit Testosteronpropionat verglichen, oral mit Methyltestosteron verglichen.

	R_1	R_2	R_3	$Q_{1,3}$	$Q_{2,3}$
parenteral	0,25	0,45	0,11	2,3	4,0
oral	9,7	2,0	0,24	40,4	8,3

R_1 = Wirkungsverhältnis im N-Retentionstest an Ratten.
R_2 = Wirkungsverhältnis im Levator ani-Test an Ratten.
R_3 = Wirkungsverhältnis bezogen auf Prostata.

Es ist eigentlich erstaunlich, daß man sich über das beste Kriterium für die anabole Aktivität streitet, während sich niemand darum kümmert, welches Kriterium für die androgene Aktivität gewählt werden sollte. Beide beeinflussen ja in gleichem Ausmaß den Q-Wert. Dennoch berechnet der eine Untersucher die androgene Aktivität aus dem Gewicht der Samenblasen, und ein anderer aus denen der ventralen Prostata, obwohl dies zu ganz anderen Aktivitätsverhältnissen (R) führen kann. Einige Beispiele werden in der Tabelle 5 angeführt.

Tabelle 5. *Unterschiede zwischen androgenen Aktivitäten ($R_{andr.}$), berechnet auf Grund des Samenblasen- bzw. des Prostatagewichtes als Kriterium für die androgene Wirkung. Standard Methyltestosteron*

Präparat	$R_{andr.}$	
	Samenblasen	ventrale Prostata
Äthylestrenol[1]	0,34 0,22 } 0,36 0,52	0,073 0,15 } 0,13 0,085 0,22
2-Carboxy-17α-methyl-5α-androst-2-en-17β-ol[2] . . .	0,18 (0,06—0,28)	0,48 (0,40—0,57)
3-Methylen-17α-methyl-5α-androstan-17β-ol[2]	0,84 (0,52—1,18)	0,32 (0,25—0,41)

[1] Nach eigenen Untersuchungen.
[2] Nach KINCL und DORFMAN (1964).

Es ist klar, daß auch die Verwendung der Summe der Gewichte beider Organe die Unterschiede zwar verkleinert, aber nicht zu einer korrekten Zahl führen kann. Man bedenke auch, daß die Samenblase auch nach der Verabreichung von Oestrogenen stärker als die Prostata wächst. Bei niedrigen Dosierungen kann dies das Ergebnis beeinflussen. Da das klinische

Interesse an der androgenen Wirkung hauptsächlich die Frau betrifft, wäre es vorteilhaft, auch die Tierexperimente an weiblichen Tieren vorzunehmen. Daher haben SELYE et al. (1965) die Präputialdrüse der weiblichen Ratte als Kriterium verwendet. Auch die Clitoris käme in Betracht. Die Ergebnisse an Männchen sind aber viel genauer, und die Möglichkeit, am selben Tier myotrophe und androgene Wirkung messen zu können, ist so bestechend, daß man auch weiterhin die kastrierte männliche Ratte routinemäßig verwenden wird. Aber was immer man tut, immer sind die Ergebnisse kriteriumabhängig. Weder bei der Messung der anabolen noch bei der androgenen Aktivität können diese Unterschiede durch den Vergleich mit einem einzigen Standardpräparat vermieden werden. Es läßt sich auch nicht voraussagen, nach welcher Richtung hin diese Abweichungen entstehen werden; dies hängt ausschließlich von den untersuchten Stoffen ab. Für die Beurteilung eines Q-Wertes ist es also unerläßlich, die experimentellen Bedingungen, unter denen dieser erhalten wurde, genau zu kennen.

Besondere Schwierigkeiten ergeben sich bei dem quantitativen Vergleich verschiedener langwirkender Steroide. Das Hinzutreten eines neuen Faktors, der Zeit, erfordert zur Erlangung eines vollständigen Bildes eine dreidimensionale Darstellung, und zwar für jede Wirkung eine gesonderte graphische Darstellung, die die wechselnden Relationen von Dosis, Zeit und der betreffenden Wirkung wiedergibt. In der Praxis werden dann mehrere transversale Schnitte untersucht, z.B. entweder Dosis-Wirkungskurven über verschiedene Zeitabschnitte oder Zeit-Wirkungskurven im Hinblick auf verschiedene Dosen. In unserem Laboratorium wird üblicherweise die erste Methode angewendet; die folgenden zwei Abbildungen geben einen Überblick über die Vergleichsmöglichkeiten. Abb. 9 zeigt das Resultat eines Versuches zum Vergleich zweier Ester von Nandrolon: des Phenylpropionats und des Decanoats. Nur in einzelnen Fällen — Samenblaseneffekt nach einer Woche und MLA-Effekt nach zwei Wochen — sind die Kurven so gelagert, daß die Berechnung eines Wirkungsverhältnisses R möglich ist. Ein Q-Wert kann in keinem Fall errechnet werden. Die offenbare Ursache dieser Unterschiede liegt in der Tatsache, daß schon für einen Stoff über verschiedene Zeitabschnitte die Neigungswinkel der Dosis-Wirkungskurve unterschiedlich sind, und daß diese Unterschiede für beide Stoffe als Folge ihrer verschiedenen Wirkungsdauer nicht gleichartig sind. Viel besser sind die Vergleichsmöglichkeiten der beiden Decanoate von Testosteron und Nandrolon, die in Abb. 10 dargestellt sind. Hier zeigte sich, daß die Kurven wenigstens nach einer oder zwei Wochen statistisch nicht signifikant von der Parallele abwichen, so daß eine Errechnung der Werte R und Q möglich war. Die Ergebnisse einer solchen Berechnung sind in Tabelle 6 dargestellt. (Nach 4 und 6 Wochen war die Berechnung unmöglich, da zu wenige Dosierungen einen von Null verschiedenen signifikanten Effekt ergaben.) Übrigens gilt auch hier wieder, daß visuelle Betrachtung von Dosis-Wirkungskurven, auch wenn diese eine Berechnung der R- und Q-Werte nicht ermöglichen, einen guten Überblick über die Relationen zwischen Dosis,

Tabelle 6. *Anabole und androgene Wirkungsverhältnisse, 1 oder 2 Wochen nach der Gabe von Nandrolon- und Testosterondecanoat bestimmt*

	1 Woche	2 Wochen
$R_{\text{anab.}} \frac{\text{Nandrolondecanoat}}{\text{Testosterondecanoat}}$	4,92	3,29
$R_{\text{andr.}} \frac{\text{Nandrolondecanoat}}{\text{Testosterondecanoat}}$	0,41	0,31
$Q \frac{\text{Nandrolondecanoat}}{\text{Testosterondecanoat}}$	12,1	10,6

Zeit und Wirkung erlauben. Hierfür ist Abb. 9 ein gutes Beispiel. Savini (1965) hat versucht, eine graphische mit einer Zahlen-Methode zur Auswertung von Aktivität und Wirkungsdauer zu kombinieren. Er

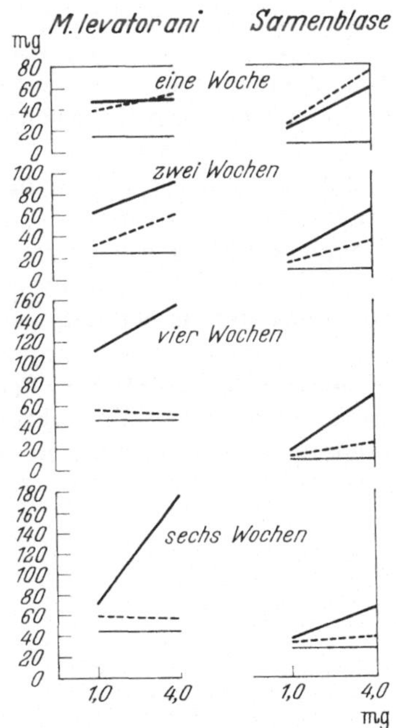

Abb. 9. Der Einfluß einer einmaligen subcutanen Verabreichung von Nandrolondecanoat —— bzw. Nandrolonphenylpropionat ---- auf das Gewicht des M. levator ani (links) und der Samenblase (rechts) der Ratte. Die waagerechten Linien geben die Werte der unbehandelten Tiere an. Die Tiere wurden 1 resp. 2, 4 und 6 Wochen nach der Einzelinjektion der in der Abszisse angegebenen Mengen getötet

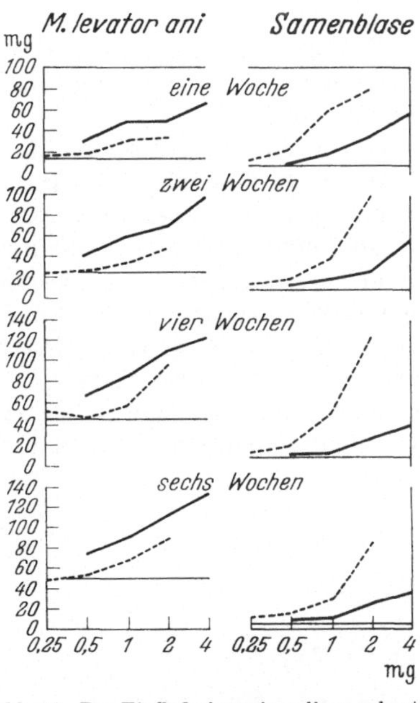

Abb. 10. Der Einfluß einer einmaligen subcutanen Verabreichung von Nandrolondecanoat ··· bzw. Testosterondecanoat ---- auf das Gewicht des M. levator ani (links) und der Samenblase (rechts) der Ratte. Die waagerechten Linien geben die Werte der unbehandelten Tiere an. Die Tiere wurden 1 resp. 2, 4 und 6 Wochen nach der Einzelinjektion der in der Abszisse angegebenen Mengen getötet

berechnet die drei Quotienten für die Gewichte von M. levator ani, ventraler Prostata und Samenblasen der behandelten und unbehandelten Ratten und nimmt willkürlich die Zahl 2 als Grenze eines minimalen Effektes an. Die Methode gestattet zwar einen Einblick in die Dosis-Zeit-Wirkungs-Verhältnisse, könnte jedoch irreführen, wenn nur die

Endwerte der Berechnung betrachtet werden, und erlaubt keinen quantitativen, dosisunabhängigen Vergleich der verschiedenen Substanzen.

Auf Grund dessen, was hier erörtert wurde, glauben wir, daß, wenn die geforderten Einschränkungen beachtet werden, der Levator ani-Test sowohl qualitativ als auch quantitativ für Untersuchungen über die anabole und androgene Aktivität von Steroiden sehr brauchbar ist.

Es sei zum Schluß nochmals auf die Konsequenzen der Häufigkeit der (z.B. täglichen) Zuführung von langwirkenden Präparaten hingewiesen. Diese führt zur Kumulation und — als Folge der anderen Dosis-Wirkungsrelationen bei anabolen und androgenen Effekten — zu einem Hervortreten der *androgenen* Wirkung. Dies gilt sowohl für die Verordnung in der Klinik als auch für experimentelle Untersuchungen. Insofern gibt der Test also einen zuverlässigen Anhaltspunkt dafür, was in der Klinik erwartet werden kann. Nur allzuoft werden diese Umstände bei der Untersuchung von Anabolicis mit langer Wirkungsdauer nicht beachtet. Die Folge davon ist, daß die lang wirksamen Stoffe immer in einem ungünstigen Licht erscheinen gegenüber den kurz wirksamen, bei denen eine Kumulation nicht oder nur in geringem Umfang auftritt.

Bevor zur Beschreibung der wichtigsten anabolen Steroide übergegangen werden soll, erscheint es angebracht, darauf hinzuweisen, daß die meisten von diesen noch andere hormonale Wirkungen hervorrufen, die oft keineswegs unerheblich sein können. Das bezieht sich auf progestative, oestrogene, antioestrogene, gonaden- und nebennierenhemmende Eigenschaften. Einige Stoffe können, wenn sie schwangeren Ratten zugeführt werden, eine Maskulinisierung des weiblichen Fetus verursachen. Andere wiederum können in seltenen Fällen einen Ikterus erzeugen. Auf die Methoden zur Feststellung dieser Wirkungen soll hier nicht näher eingegangen werden.

IV. Anabole Steroide

"Research is produced by hard work, success by serendipity." Finagle

In dem nun folgenden Abschnitt werden die wichtigsten anabolen Steroide beschrieben, soweit die tierexperimentellen Ergebnisse dies rechtfertigen. Wir werden uns hauptsächlich auf Stoffe beschränken, die auf Grund einer hohen anabolen Aktivität und geringer Nebenwirkungen von praktischer Bedeutung sind oder werden könnten. Daneben sollen gelegentlich strukturell verwandte Stoffe erwähnt werden, die vielleicht gewisse Aufschlüsse über das vorerst noch so ungeklärte Verhältnis zwischen chemischer Struktur und pharmakologischer Wirkung geben könnten. Für eine dem Stand der Forschung entsprechende Übersicht über weiterhin beschriebene Stoffe mit anaboler Wirkung sei auf den Anhang verwiesen, wo man sich an Hand der Literaturhinweise über die dort genannten Steroide näher informieren kann. Patentliteratur wurde dabei außer acht gelassen.

Die Einteilung in diesem Abschnitt wird, ebenso wie im Anhang, nach folgenden chemischen Gruppen erfolgen:

A. C_{19}-Skelet (Androstane, Androstene).

B. C_{18}-Skelet (Estrane, Estrene).

C. C_{21}-Skelet (Pregnane, Pregnene).

In diesen Gruppen finden sich:

a) kurzwirkende, hauptsächlich parenteral wirksame Stoffe (mit einer β-OH-Gruppe und einem H-Atom an C_{17}).

Diese Stoffe haben viel von ihrer Bedeutung eingebüßt. Heute werden aus verständlichen Gründen hauptsächlich die unter b) und c) genannten Verbindungen angewendet;

b) kurzwirkende, oral wirksame Stoffe (mit einer β-OH-Gruppe und einer Alkylgruppe an C_{17});

c) parenteral wirksame Stoffe mit verlängerter Wirkungsdauer (die 17β-OH-Gruppe ist verestert).

Dies ist nur eine grobe Einteilung; zwischen den Gruppen sind Überschneidungen möglich. Zum besseren Verständnis wird es auch angebracht sein, bei der Beschreibung gelegentlich Stoffe aus den Hauptgruppen (vor allem A und B) miteinander zu vergleichen. Trotzdem wird im folgenden die genannte Einteilung in A.B.C./a.b.c. beibehalten.

A. Androstanderivate

1. Androstane

Die 5β-Androstane (Etiocholane) sind hormonal auffallend wenig wirksame Stoffe. Es ist daher auch nicht überraschend, daß sich unter ihnen keine wichtigen anabolen Steroide finden. Dagegen gibt es einige 5α-Androstane, die ausgesprochen anabol wirksam sind und eine eingehendere Besprechung rechtfertigen.

I. a) Das bekannteste Beispiel für parenteral wirksame Stoffe mit kurzer Wirkungsdauer in dieser Gruppe ist das 17β-Hydroxy-5α-androstan-3-on (Androstanolon). Die Vorteile gegenüber Testosteronpropionat und dem später zu besprechenden Methylandrostendiol sind gering. Dies zeigt Tabelle 7, in der die *R*- und *Q*-Werte zusammengefaßt sind, die aus den Resultaten des Levator ani-Test an Ratten (Barnes 1954, Saunders 1957) und der myotrophen Wirkung beim Meerschweinchen (Kochakian 1961) berechnet wurden. Ihre androgene Aktivität ist zwar gering ($R_{\text{andr.}}$), dasselbe gilt aber auch für die anabole Wirkung ($R_{\text{anab.}}$).

Der anabole/androgene Quotient, verglichen mit Testosteronpropionat, liegt bei beiden Stoffen zwischen 1 und 2.

Schon früher fand Stafford (1954), daß beide Stoffe ungefähr gleich stark die N-Retention bei Ratten fördern.

Tabelle 7. *Anabole und androgene Aktivität von Androstanolon und Methyl-*

Präparat	Gabe	Versuchstier
17β-Hydroxy-androst-4-en-3-on-propionat (Testosteronpropionat)	s.c.	Ratte
17β-Hydroxy-5α-androstan-3-on (Androstanolon)	s.c.	Ratte
17α-Methyl-androst-5-en-3β,17β-diol (Methylandrostendiol)	s.c.	Ratte
17β-Hydroxy-androst-4-en-3-on-propionat (Testosteronpropionat)	i.m.	Ratte
17β-Hydroxy-5α-androstan-3-on (Androstanolon)	i.m.	Ratte
17α-Methyl-androst-5-en-3β,17β-diol (Methylandrostendiol)	i.m.	Ratte
17β-Hydroxy-androst-4-en-3-on-propionat (Testosteronpropionat)	impl.	Meerschweinchen
17β-Hydroxy-5α-androstan-3-on (Androstanolon)	impl.	Meerschweinchen
17α-Methyl-androst-5-en-3β,17β-diol (Methylandrostendiol)	impl.	Meerschweinchen

I. b) Das 17α-Methylderivat, auch Methyl-4,5-dihydro-testosteron oder Mestanolon genannt, wurde von Kochakian (1952) an kastrierten männlichen Mäusen auf renotrope und androgene Wirkungen hin untersucht. Als Vergleichssubstanz diente Methyltestosteron. Gleichzeitig wurden 17α-Methylandrostan-17β-ol und Methylandrostendiol in die Untersuchung einbezogen. Alle Stoffe wurden dem Futter beigemengt und während einer recht langen Zeit (30 Tage) zugeführt. Methylandrostanol war ungefähr fünfmal weniger androgen wirksam als Methyltestosteron, die Wirkungen der beiden anderen Stoffe lagen dazwischen. Alle wirkten auch weniger renotrop als Methyltestosteron, wenn auch die Unterschiede weniger groß waren als bei der androgenen Wirkung.

Methylandrostanolon ist recht oft auf eine Antitumorwirkung hin untersucht worden, es hat jedoch keine besonders große Antitumoraktivität. Die von RINGOLD et al. (1959) beschriebenen 2α-Methyl- und 2α,17α-Dimethyl-androstanolonen hemmen die Entwicklung von transplantierten Mammacarcinomen bei der Ratte. Sie sind in dieser Hinsicht stärker wirksam wie Testosteron und 4,5-Dihydrotestosteron. Die analogen 2α-Hydroxymethyl-Verbindungen, die KNOX u. VELARDO (1962) beschrieben haben, sind nur schwach anabol und androgen wirksam, sie sind aber starke Hypophysenhemmer. Das oben erwähnte 2α-Methylandrostanolon, obwohl an sich nicht besonders interessant, wirkt etwa fünfmal stärker androgen und etwa zwanzigmal stärker myotroph, wenn die 17α-OH-Gruppe mit Tetrahydropyranylalkohol veräthert wird. Diese beträchtlich höhere Aktivität konnte nicht oder wenigstens nicht in gleichem Maße durch die Verätherung anderer Steroide, wie z. B. Methyltestosteron, erreicht werden. Die oral wirkungsstärksten Substanzen waren merkwürdigerweise bei subcutaner Verabreichung weitaus wirkungsschwächer (CROSS et al. 1965).

Im Dimetazin (PIOTTI et al. 1962) sind zwei Steroidskelete verknüpft. Es ist 2α,17α-Dimethyl-5α-androstan-17β-ol-3,3′-azin.

androstendiol nach parenteraler Gabe, verglichen mit Testosteronpropionat

Testobjekt	$R_{anab.}$	$R_{andr.}$	Q	Literatur
MLA/Samenblase	1	1	1	BARNES (1950)
MLA/Samenblase	0,22	0,13	1,7	BARNES (1950)
MLA/Samenblase	0,02	0,02	1,0	BARNES (1950)
MLA/Samenblase	1	1	1	SAUNDERS (1957)
MLA/Samenblase	0,58	0,30	1,9	SAUNDERS (1957)
MLA/Samenblase	0,07	0,05	1,6	SAUNDERS (1957)
Muskeln/Samenblase und Prostata	1	1	1	KOCHAKIAN (1961)
Muskeln/Samenblase und Prostata	2,3	1,5	1,5	KOCHAKIAN (1961)
Muskeln/Samenblase und Prostata	0,9	1,0	0,9	KOCHAKIAN (1961)

Die publizierten Zahlen ermöglichen keine quantitative Beurteilung. Die Substanz ist offenbar nach oraler Verabreichung etwas stärker myotroph und schwächer androgen als Methyltestosteron, was im Laboratorium des Verfassers bestätigt wurde. Auch soll sie nach PIOTTI et al. nach einmaliger subcutaner Injektion wenigstens ebenso lange wirken wie Testosteroncyclopentylpropionat.

2-Hydroxymethylen-17α-methyl-17β-hydroxy-androstan-3-on oder Oxymethalon, hergestellt von RINGOLD et al. (1959), wurde von CAME-

RINO u. SALA (1960) und DORFMAN u. KINCL (1963) nach oraler Gabe mit Methyltestosteron im Hershberger-Versuch verglichen. Erstgenannte fanden Werte für $R_{anab.}$ und $R_{andr.}$ von 1,5 resp. 0,3, deshalb einen Q-Wert von 5. Letztere beschreiben R-Werte von 3,2 und 0,45, was einen Q-Wert von 7 bedeutet. Offenbar liegt das Verhältnis dieser Aktivitäten günstig, wie auch Experimente von DESAULLES (1960) und SUCHOWSKY u. JUNKMANN (1962) ergaben. Es ist jedoch nicht möglich, aus ihren Feststellungen Zahlen zu übernehmen, die in etwa mit den schon genannten R- und Q-Werten vergleichbar wären. Ein eigener Vergleich beim Levator ani-Test mit Methyltestosteron zeigte, daß nach oraler Zuführung die anabole Wirkung ($R_{anab.}$) 0,9 und die $R_{andr.}$ 0,24 betrug, woraus sich ein anabol-androgener Quotient Q von 3,8 errechnen läßt. Dies ist zwar ein günstiges Ergebnis, aber doch weniger eindrucksvoll als bei den später zu besprechenden Nandrolonderivaten. Später fanden KINCL u. DORFMAN (1964) für die 2-Formyl- und auch die 2-Nitrilo-Δ2-Verbindungen eine wenigstens ebenso eindrucksvolle Dissoziation bei der myotrophen und androgenen Wirkung.

Es ist interessant, daß in dieser Serie, im Gegensatz zu den Estranen und Estrenen, die Einführung einer 6α-Methylgruppe die Aktivität nicht verstärkte und daß die 17α-Äthylderivate deutlich weniger aktiv waren als die 17α-Methylverbindungen (HOLTON u. NECOECHEA 1962).

Nach eigenen Untersuchungen gilt dies auch für das einfache 17α-Methyl- und für 17α-Äthyl-5α-androstan-17-ol, Stoffe also, bei denen die Ketogruppe am Kohlenstoffatom 3 fehlt. Die 17α-Methylverbindung hat im Levator ani-Test nach oraler Zuführung eine recht befriedigende anabole, aber auch eine deutliche androgene Wirkung (Tabelle 8). Die Äthylverbindung ist bei der verwendeten Dosis völlig unwirksam.

Tabelle 8. *Wirkung von 17α-Methyl- und 17α-Äthylandrostanol im Levator ani-Test nach oraler Gabe*

Präparat	Dosis/Tag mg oral	MLA mg	Samenblase mg
Unbehandelt		11,9	6,2
17α-Äthyl-5α-androstan-17β-ol	1	13,7	6,7
17α-Methyl-5α-androstan-17β-ol	1	25,9	21,6
17α-Methyl-androst-5-en-3α,17β-ol	1	20,0	19,5

Eine neue Form der Substituierung besteht in der Koppelung heterocyclischer Ringe wie dem des Pyrazol an die Kohlenstoffatome 2 und 3 im Ring A (CLINTON et al. 1961); MANSON et al. (1963) haben auch Isoxazol eingeführt. In beiden Fällen erwies sich die 17α-Methyl-17β-hydroxy-5α-androstan-Verbindung als die interessanteste. Die Einführung einer Doppelbindung zwischen 4 und 5 führte zu Stoffen mit ungünstigerem anabolen/androgenen Verhältnis; aus diesem Grunde sollen diese hier nicht weiter berücksichtigt werden.

Die Substitution mit Methyl in 4- und 6-Stellung oder die Einführung von Fluor an 9 verminderten, jedenfalls in der Pyrazolreihe, die Wirkung. In der Isoxazolreihe erwiesen sich die [2,3-d]-Verbindungen als interessanter als die isomeren [3,2-c]-Verbindungen. Die von den obengenannten Autoren und von ARNOLD et al. (1959, 1962), POTTS et al. (1960) und BEYER et al. (1961) angegebenen anabol/androgenen Q-Werte sind sehr hoch. Es sei hierzu angemerkt, daß die anabolen Aktivitäten, die mittels der N-Retentionsmethode bei Ratten bestimmt werden, viel höher liegen, als wenn das Gewicht des M. levator ani als Kriterium benutzt wird (s. Tabelle 4). In einer späteren Publikation von ARNOLD et al. (1963) wurden auch für die N-Retention niedrigere Werte angegeben, wenn diese auch noch immer recht hoch liegen. Bei Affen bewirkte die Pyrazolverbindung keine starke N-Retention (STUCKI et al. 1962). Die Aktivitäten des 17α-Methyl-pyrazol-[3,2-c]-androstan-17β-ol und des 17α-Methyl-isoxazol-[2,3-c]-androstan-17β-ol liegen nicht weit auseinander. Die von DROBECK et al. (1963) als anabole Wirkung gedeutete Gewichtszunahme bei Ratten, Hunden und Affen ist wahrscheinlich mehr als Folge der antioestrogenen und gonadenhemmenden Aktivität aufzufassen, da hauptsächlich mit weiblichen Tieren gearbeitet wurde. Im Laboratorium des Autors wurde die Pyrazolverbindung (Stanazolol) im MLA-Test mit Methyltestosteron und dem unter B zu beschreibenden Äthylestrenol verglichen. Die Resultate, die in Tabelle 9 dargestellt sind, stimmen befriedigend mit den von POTTS (1960) angegebenen Werten überein, die gleichfalls mit dem MLA-Test ermittelt wurden.

Tabelle 9. *Anabole und androgene Aktivität von Stanazolol und Äthylestrenol nach oraler Zuführung, verglichen mit Methyltestosteron*

Testmethode: Levator ani-Test nach HERSHBERGER.

Präparat	$R_{anab.}$	$R_{andr.}$	Q	
Methyltestosteron	1	1	1	
Stanazolol	2,6	0,69	3,8	(nach dem Verfasser)
Äthylestrenol	4,2	0,22	19,0	(nach dem Verfasser)
Stanazolol	2,0	0,33	6,0	(nach POTTS 1960)

Eine abweichende chemische Struktur hat die als Oxandrolon bekannte Substanz. Es ist das 2-Oxa-17α-methyldihydrotestosteron, ein Steroid, bei dem im A-Ring das Kohlenstoffatom-2 (mit den beiden zugehörigen Wasserstoffatomen) durch ein Sauerstoffatom ersetzt ist. Die pharmakologischen Wirkungen wurden von LENNERS und SAUNDERS (1964) studiert. Sie geben an, daß, verglichen mit Methyltestosteron, die orale myotrophe Aktivität 322% und die androgene Aktivität nur 24% betrug, also einen Q-Wert von 13. Eine Abnahme der N-Ausscheidung bei kastrierten männlichen Ratten wurde ebenfalls gefunden, die testikelhemmende Wirkung war relativ schwach.

I. c) Versuche, Ester mit verlängerter Wirkungsdauer in der Androstanreihe herzustellen, sind auf ein Minimum beschränkt geblieben. Lediglich in der obengenannten chemischen Veröffentlichung von MANSON et al. (1963) wird von der Herstellung einiger 17β-Ester des Isoxazolandrostanol berichtet. Es überrascht, daß das Trimethylacetat unwirksam war; der am meisten wirksame Stoff schien der 17β-[3-Cyclo-hexylpropionoxy]-Ester zu sein.

2. Androstene und Androstadiene

Da das Testosteron und das Methyltestosteron mehr noch als die entsprechenden Androstane eine sehr große anabole Aktivität aufweisen — wenn diese auch durch die androgene Komponente stark „verunreinigt“ ist —, lag es nahe zu versuchen, durch Veränderungen am Testosteronmolekül die unerwünschte androgene Wirkung auszuschalten. Dies wurde auf unterschiedliche Weise mit mehr oder weniger großem Erfolg versucht.

II. a) Wie allgemein bekannt ist, hat die Veresterung mit „kurzen“ Säuren wie Essigsäure und Propionsäure nicht zu einer Reduzierung der androgenen Wirksamkeit geführt. Manchmal wird die Aktivität erhöht, aber eine Dissoziation der Effekte auf MLA, Samenblasen und Prostata tritt nicht auf (Kincl u. Dorfman 1964). Ebensowenig trifft dies bei Säuren mit längeren Ketten wie Capronsäure, Phenylpropionsäure, Caprylsäure u. dgl. zu, die zwar eine verlängerte Wirkung hervorrufen, die androgene Wirkung jedoch nicht reduzieren (s. z.B. unter B, wo einige dieser Testosteronester mit den entsprechenden Nandrolonestern verglichen werden). Es ist merkwürdig, daß eine Veresterung mit Säuren, die die Ester wasserlöslich machen, wie Glycin oder Bernsteinsäure, sowohl die anabole wie auch die androgene Wirkung verschwinden lassen (Tabelle 10). Inwieweit hier die wahrscheinlich ganz andere Resorption und (oder) Ausscheidung die Ursache dieser Unwirksamkeit bilden, ist unbekannt. Jedenfalls scheint es, als ob wasserlösliche Ester ebensowenig wie öllösliche die gewünschte Divergenz in den Wirkungen herbeiführen können.

Tabelle 10. *Wirkung von Testosteronglycinat und Hemisuccinat in wäßriger Lösung im Levator ani-Test nach subcutaner Zuführung, verglichen mit Testosteronpropionat in öliger Lösung*

Präparat	Dosis/Tag mg s.c.	MLA mg	Samenblase mg
Unbehandelt	—	11,3	6,1
Testosteronglycinat	0,1	17,8	10,5
Testosteronpropionat	0,1	34,7	75,2
Unbehandelt	—	16,2	7,7
Testosteronhemisuccinat	0,1	16,3	9,9
Testosteronpropionat	0,1	43,3	81,0

Mehr Erfolg hat die Substitution am Kohlenstoffatom 4 gehabt. In einem Artikel von Sala (1957) findet sich ein Vergleich zwischen Fluor, Chlor und Bromverbindungen, wobei auch die 4-Hydroxyverbindung angegeben wurde. In allen Fällen wurde die gleiche Dosis von 0,5 mg pro Tag subcutan zugeführt. In Tabelle 11 werden die Ergebnisse dargestellt. Offenbar ist die anabole, aber auch die androgene Aktivität bei dem 4-Chlor-testosteronacetat am stärksten. Übrigens lassen sich aus diesen mit einer Dosis ermittelten Werten nicht viele Rückschlüsse ziehen.

Tabelle 11. *Wirkung einiger auf „4" substituierter Derivate von Testosteron im Levator ani-Test nach subcutaner Zuführung*

Präparat	Dosis/Tag mg s.c.	MLA mg	Samenblase mg	Prostata mg
Unbehandelt		8,6	5,4	9,3
4-Fluorotestosteronacetat . .	0,5	14,0	8,3	20,2
4-Chlortestosteronacetat . .	0,5	37,2	44,3	55,7
4-Bromtestosteron.	0,5	14,4	16,7	25,9
4-Hydroxytestosteronacetat .	0,5	20,5	25,2	32,0

Nach BALDRATTI (1957) behebt die Chlorverbindung teilweise die Nebennierenatrophie nach Cortisonbehandlung. BERNELLI-LAZZERA (1958) stellten eine verstärkte Aufnahme von Glycin-^{14}C bei der Regeneration der Leber nach Zuführung von 4-Chlortestosteron fest, allerdings nur bei hypophysenlosen, nicht aber bei normalen Ratten. DESAULLES (1960) und SUCHOWSKY u. JUNKMANN (1962) halten 4-Chlortestosteron für ein parenteral befriedigend wirksames anaboles Steroid. Auch die Einführung einer Methylgruppe am Kohlenstoffatom 4 führte nach RINGOLD (1957) und SONDHEIMER (1957) zu einer Verstärkung der anabolen Wirkung von Testosteron um den Faktor 3, während die androgene Wirkung auf 40% sinken soll. Ein später veröffentlichter Artikel von ATWATER (1960) gibt Werte von 30% für die anabole bzw. 10% für die androgene Wirkung von Testosteron an, in beiden Fällen nach der subcutanen Zuführung im Levator ani-Test. Die Einführung größerer Alkylgruppen führte zu unwirksamen Produkten.

Ein Stoff mit Doppelbindung zwischen den Kohlenstoffatomen 1 und 2 ist das 1-Methyl-17β-hydroxy-5α-androst-1-en-3-on-17-acetat (Methenolon), das POPPER u. WIECHERT (1962) darstellten. Dieser Stoff, wie auch das Oenanthat, wurden von SUCHOWSKY u. JUNKMANN (1961, 1962a und b) mit einer Anzahl anderer Stoffe im Levator ani-Test, einem antikatabolen Test und im Hinblick auf ihre progestative, antioestrogene und gonadenhemmende Wirkung hin untersucht; sie wurden von den Untersuchern sehr günstig beurteilt. Die anabole Aktivität soll stärker und die Nebenwirkungen sollen geringer sein als bei Oxymethalon, 4-Chlortestosteron, Norethandrolon (s. unter B) und Nandrolonphenylpropionat (s. unter B).

Eine der zuletzt genannten Publikationen ist Tabelle 12 entnommen, die auch die Werte aus dem Levator ani-Test nach oraler Gabe anführt. Es sei angemerkt, daß der Vergleich nicht auf übliche Weise durchgeführt wurde. Berechnet wurden hier anabole/androgene Verhältniszahlen Q als Quotient der Dosis, die bei der kastrierten Ratte das Gewicht der Samenblase zu normalisieren imstande ist, geteilt durch die Dosis, die das Gewicht des M. levator ani normalisiert. Dies ist mithin kein Vergleich von Aktivitäten und Verhältniszahlen, bezogen auf ein Standardpräparat; daher sind diese Werte nicht mit den Q-Werten anderer Untersucher vergleichbar. Außerdem wurde ein Stoff mit verlängerter Wirkungsdauer (Nandrolonphenylpropionat) *täglich* zugeführt, was zu Kumulationen und infolgedessen zu zu hohen Werten für die androgene Wirkung führt (vgl. S. 36 und 54).

Tabelle 12. *Verhältnis der anabolen zur androgenen Wirksamkeit. Quotient Q_1* nach zwölfmaliger oraler Verabfolgung, Quotient Q_2* nach zwölfmaliger subcutaner Verabfolgung.* (Nach SUCHOWSKY und JUNKMANN 1961)

	Q_1	Q_2
1-Methyl-17β-hydroxy-5α-androst-1-en-3-on-acetat (Methenolonacetat)	13,0	16,0
17α-Äthyl-17β-hydroxy-estr-4-en-3-on (Norethandrolon)	6,7	1,8
17α-Äthyl-4,17β-dihydroxy-androst-4-en-3-on	4,0	6,0
17α-Äthyl-estr-4-en-17β-ol (Äthylestrenol)	4,0	3,7
Pyrazolo-(4′,3′:2,3)-17α-methyl-17β-hydroxy-5α-androstan-3-on (Stanazolol)	2,5	6,0
2-Hydroxymethylen-17α-methyl-17β-hydroxy-5α-androstan-3-on (Oxymethalon)	2,5	6,0
Isoxazolo-(4′,3′:2,3)-17α-methyl-5α-androstan-17β-ol	1,7	3,0
17α-Methyl-17β-hydroxy-androsta-1,4-dien-3-on (Methandrostenolon)	1,4	1,0
17α-Methyl-17β-hydroxy-androst-4-en-3-on (Methyltestosteron)	1,0	0,7
9α-Fluor-17α-methyl-11β,17β-dihydroxy-androst-4-en-3-on (Fluoxymesteron)	0,9	2,3
17β-Hydroxy-5α-androstan-3-on (Andrastanolon)	0,8	0,4
17β-Hydroxy-androst-4-en-3-on (Testosteron)	0,6	1,4

* Für die abweichende Bedeutung von Q_1 und Q_2 vgl. Text!

II. b) Das ebengenannte Methenolonacetat ist auch oral wirksam und wird auch therapeutisch vorwiegend so angewendet. In einer Nummer der „Arzneimittelforschung“ sind viele Einzelheiten angegeben, nicht nur über die pharmakologische Wirkung, sondern auch über die Resorption und die Ausscheidung (KIMBEL et al. 1962, LANGECKER 1962). Die Resorption aus dem Darm findet vorwiegend über das Pfortadersystem statt. Vieles wird durch die Galle in die Faeces ausgeschieden; im Urin finden sich allerdings nicht die Produkte, die man auf Grund der chemischen Verwandtschaft mit Testosteron erwarten würde. Nach KLIMSTRA u. COUNSELL (1965) ist auch schon die Substanz ohne 1-Methyl- wegen der hohen myotrophen Aktivität (16mal Methyltestosteron) interessant.

Von vorwiegend historischem Interesse ist das 17α-Methyl-androst-5-en-3β,17β-diol (Methylandrostendiol, Methandriol).

Dies war der erste Stoff, der als wenig androgenes, oral wirksames Anabolicum angewendet wurde. Es hat sich jedoch gezeigt, daß nicht nur die androgenen, sondern auch die anabolen Eigenschaften schwächer sind als beim Methyltestosteron; der Stoff bietet also wenig Vorteile (KOCHAKIAN 1952, HERSHBERGER 1953, STAFFORD 1954, BARNES 1954, SAUNDERS 1957).

Dieselben Nachteile, wenn auch in umgekehrtem Sinn, bestehen bei den 9α-Fluoro-11β,17β-Dihydroxy-17-methyl-androst-4-en-3-on (9-Fluoro-11-hydroxy-methyl-testosteron, Fluoxymesteron).

Hergestellt wurde der Stoff von HERR et al. (1956), untersucht unter anderem von LYSTER et al. (1956) im Levator ani-Test nach oraler Gabe. Die anabole Wirkung ist 20mal so groß wie die des Methyltestosteron, aber auch die androgene Wirkung ist 9,5mal so stark, so daß der Q-Wert nur 2,1 beträgt. Etwa die gleichen Aktivitäten haben später DORFMAN u. KINCL (1963) beschrieben.

Die entsprechende 11-Keto-Verbindung ist ungefähr gleich wirksam. Diese Zahlen wurden auch von anderer Seite bestätigt, wenn auch KRÄHENBÜHL (1961) ziemlich weit auseinandergehende Werte feststellte, abhängig von dem Abschnitt des Genitalapparates, der als Kriterium verwendet wurde. So zeigte sich z.B., daß die ventrale Prostata relativ wenig auf Fluoxymesteron reagierte. Fluoxymesteron ist als Androgen bekannter, als Anabolicum wird es weniger genannt. Gleichfalls zu den starken Androgenen — wenn mit ausgeprägter anaboler Wirkung — gehören die 7α-Methyl-Steroide, vor allem das 7α,17α-Dimethyltestosteron, das CAMPBELL u. BABCOCK (1959) herstellten, und das entsprechende 19-Norderivat, das ebenfalls von CAMPBELL (1963) hergestellt und beschrieben worden ist.

Nach STUCKI et al. (1962) bewirkt das Testosteronderivat bei Affen eine gleich starke N-Retention wie Fluoxymesteron und eine sechsmal stärkere als Methyltestosteron. Die androgene Wirkung, am Wachstum der Samenblase bei Ratten gemessen, beträgt ein Drittel der Wirkung des Fluoxymesteron, jedoch immer noch das Dreifache der Methyltestosteronwirkung. Aus der Wirkung auf den M. levator ani schließen diese Autoren, daß die orale myotrophe Aktivität die des Methyltestosteron 13fach übertrifft. Dies ergibt also einen anabolen/androgenen Q-Wert von 4,3. Die lokale Wirkung auf den Kapaunenkamm der 7α-Methyl-testosteron- und Nandrolon-Verbindungen, die parenteralen und oralen Wirkungen auf Samenblase, Prostata und Levator ani sowie die Hypophysenhemmung untersuchte SEGALOFF (1963). Er vertritt die Ansicht, daß die Einführung der 7α-Methylgruppe den Abbau der Stoffe im Organismus hemmt. Wir werden bei der Besprechung der Nandrolonderivate hierauf näher eingehen (s. B).

Bei der Besprechung der kurzdauernd parenteral wirksamen Androstene wurde schon der günstige Einfluß der Substituierung durch Halogene am Kohlenstoffatom 4 erwähnt. Die Einführung einer Hydroxylgruppe in das Methyltestosteron (CAMERINO 1956) führte gleichfalls zu einem weniger androgen wirksamen Produkt mit etwa der gleichen anabolen Wirkung. Dieses 4-Hydroxy-methyltestosteron wurde unter anderem von SALA (1957), CAVALLERO (1958) und BALDRATTI (1962) beschrieben. Neben der Wirksamkeit im Levator ani-Test wurde die antikatabole Wirkung bei Ratten, die mit Dihydro-tachysterol vorbehandelt waren, nachgewiesen. Die Substanz bewirkte auch eine N-Retention bei kastrierten Ratten.

In der schon genannten Veröffentlichung von DORFMAN u. KINCL (1963) wurde auch über zwei 5α-Androst-2-en-17β-ole berichtet, nämlich über die 2,17α-Dimethyl- und die 2-Hydroxymethyl-17α-methyl-Verbindungen mit anabolen/androgenen Verhältniszahlen von 3 bzw. 5 (MLA/Samenblase). Wenn anstelle der Samenblase die ventrale Prostata als Kriterium gewählt wurde, war das Verhältnis viel günstiger (11 bzw. 11,5).

In einer Reihe von 3-Methylen-Verbindungen, die von IRMSCHER et al. (1964) im oralen MLA-Test nach HERSHBERGER untersucht wurde, ist das 3-Methylen-17α-methyl-5α-androst-1-en-17β-ol die weitaus günstigste Substanz. Verglichen mit Methyltestosteron soll sie ein $R_{anab.}=$ 2,66, ein $R_{andr.}=0{,}12$ und einen Q-Wert $=22{,}1$ haben.

In einer Reihe von Untersuchungen (s. Anhang) wurde versucht, durch die Einführung einer zweiten Doppelbindung den anabol/androgenen Quotienten zu verbessern. Nur in einem Falle hat dies zu einem wirklichen Erfolg geführt. Eine zusätzliche Doppelbindung zwischen den Kohlenstoffatomen 1 und 2 im Methyltestosteron ergibt die Verbindung 17β-Hydroxy-17α-methyl-androsta-1,4-dien-3-on (Methandrostenolon). Die chemische Herstellung wurde von VISCHER et al. (1955) beschrieben; danach folgte eine ausführliche pharmakologische Publikation von DESAULLES et al. (1959). Diese Autoren untersuchten den Stoff mit Hilfe aller gebräuchlichen Methoden für anabole und andere hormonale Wirkungen. Es ist bedauerlich, daß fast alle Resultate lediglich über die subcutane Wirkung Aufschluß geben. Dies trifft auch noch für spätere Publikationen von DESAULLES (1960) und DESAULLES u. KRÄHENBÜHL (1962) zu. Aus diesem Grunde und wegen der Art der Berechnung der Aktivitätszahlen (Wiedererlangung des Organgewichtes im Vergleich zu nicht kastrierten Tieren) ist ein Vergleich mit anderen oral wirksamen Substanzen schwierig. Man gewinnt jedoch aus einigen Ergebnissen nach oraler Gabe den Eindruck, daß der Stoff einen günstigen anabol/androgenen Quotienten aufweist, in diesem Falle mehr wegen einer geringen Androgenität als wegen seiner starken anabolen Aktivität. OVERBEEK et al. stellten einen quantitativen Vergleich an mit Äthylestrenol (vgl. unter B) nach oraler Zuführung beider Stoffe. Die Resultate dieser direkten vergleichenden Untersuchung sind in Tabelle 13 dargestellt; dort sind auch die berechneten Aktivitäten im Hinblick auf Methyltestosteron aufgezeigt.

Tabelle 13. *Anabole und androgene Aktivität von Methandrostenolon und Äthylestrenol im Levator ani-Test nach oraler Zuführung*

Präparat	$R_{anab.}$	$R_{andr.}$	Q
Methandrostenolon .	1	1	1
Äthylestrenol . . .	13,1	1,46	8,9
Methyltestosteron .	1	1	1
Methandrostenolon .	0,3	0,15	2,0 (berechnet)
Methyltestosteron .	1	1	1
Methandrostenolon .	0,89	0,45	2,0

Diese Berechnung beruht auf dem in der gleichen Publikation angegebenen quantitativen Vergleich zwischen Äthylestrenol und Methyltestosteron. In einer weiteren Veröffentlichung derselben Autoren (OVERBEEK et al. 1961) wird das Ergebnis eines direkten Vergleiches mit

Methyltestosteron angegeben, bei dem höhere R-Werte gefunden wurden, der Q-Wert jedoch wiederum gleich 2 war.

Eine ganze Reihe thiosubstituierter Steroide wurde von KRAMER et al. (1963) hergestellt, und von KRAFT und BRÜCKNER (1964a, b) sowie KRAFT und KIESER (1964) auf ihre pharmakologischen Eigenschaften untersucht. Die Substitution erfolgte in 1-, 2-, 4- bzw. 7-Stellung durch eine Mercapto-, Acetylthio- oder Alkylthio-Gruppe. Aus dieser Gruppe wurde das 1α,7α-bis(acetylthio)-17β-hydroxy-17α-methyl-androst-4-en-3-on-Tiomesteron am ausführlichsten untersucht. Diese Substanz sollte 4,56 mal die myotrophe und 0,61mal die androgene Aktivität des Methyltestosteron haben, also einen Q-Wert = 7,5. Wie zu erwarten, war die Substanz nicht oestrogen und kaum progestativ wirksam, die Gonadotropinproduktion wurde gehemmt, wenn auch weniger als durch Methyltestosteron. Ein relativ günstiges anabol/androgen-Verhältnis wurde auch im Laboratorium des Verfassers festgestellt.

II. c) Aus der Testosteronreihe ist bisher erst ein parenteral anwendbarer Stoff mit verlängerter Wirkungsdauer beschrieben worden, bei dem die anabolen Eigenschaften gegenüber den androgenen überwiegen, nämlich das Oenanthat von 17β-Hydroxy-4-methyl-5α-androst-1-en-3-on, das schon unter a) und b) genannte Methenolon.

Bei den Versuchsanordnungen von SUCHOWSKY u. JUNKMANN (1962) wurden im Levator ani-Test einmal 10 mg subcutan zugeführt. Dieser Stoff wirkte mehrere Wochen lang und war deutlich weniger androgen als Testosteronoenanthat. (Zum Vergleich mit Nandrolondecanoat s. unter B).

Sehr merkwürdig ist die Beobachtung von CEKAN et al. (1965), daß Androst-2-en-17β-ol eine protrahierte Wirkung hat. Die Wirkung-Zeitkurve ähnelt der der Phenylpropionate des Testosteron und des 19-Nortestosteron. Auch besteht eine gewisse Dissoziation der myotrophen und androgenen Wirkung im Vergleich zu Testosteron. Es wäre interessant, zu untersuchen, ob die protrahierte Wirkung einer verzögerten Resorption oder aber einem verzögerten Abbau bzw. Ausscheidung zuzuschreiben wäre.

B. Estranderivate

Das Fehlen der angulären Methylgruppe (Kohlenstoffatom 19) zwischen Ring A und B hat oft (aber nicht immer! vgl. SALA 1957 und SEGALOFF 1963) eine Abnahme der androgenen und eine Zunahme der anabolen Eigenschaften zur Folge, sowie ein verstärktes Auftreten progestativer Aktivität. Diese Beobachtung führte zur Entwicklung anaboler sowie auch progestativer Präparate.

B. a) Schon das 19-Nortestosteron (Nandrolon, 17β-Hydroxy-estr-4-en-3-on) zeigt einen deutlichen Unterschied gegenüber Testosteron (17β-Hydroxy-androst-4-en-3-on). Tabelle 14 stellt das Resultat eines Vergleiches nach täglicher subcutaner Zuführung im Levator ani-Test dar, entnommen einer Veröffentlichung von BARNES (1954).

Tabelle 14. *Vergleich von Nandrolon und Nandrolonpropionat mit Testosteronpropionat im Levator ani-Test nach subcutaner Zuführung*

Präparat	$R_{anab.}$	$R_{andr.}$	Q
Testosteronpropionat	1	1	1
Nandrolonpropionat.	2,59	0,41	6,3
Nandrolon	0,66	0,07	9,4

Auch die Zahlenangaben von HOLTKAMP (1955), der die minimalen wirksamen Dosen bestimmte, die für eine Wirkung auf den M. levator ani und die Samenblase von kastrierten Ratten erforderlich waren, bestätigen diese Feststellungen. Um eine Wirkung auf den M. levator ani zu erreichen, war eine Dosis von 11 mg/kg Testosteron pro Tag, dagegen nur 7 mg/kg Nandrolon pro Tag erforderlich. Im Hinblick auf die Wirkung auf die Samenblase war der Unterschied noch deutlicher. Während hier schon 1 mg/kg Testosteron pro Tag zum Wachstum führte, waren für die gleiche Wirkung 5 mg/kg Nandrolon erforderlich.

Nicht alle Autoren kamen zu dem Ergebnis, daß Nandrolon einen stärkeren anabolen Effekt hat als Testosteron. So fanden BOURLIERE et al. (1958) wohl eine verminderte N-Ausscheidung bei alten männlichen Ratten nach Testosterongabe, nicht dagegen nach Nandrolongabe. Es sei darauf hingewiesen, daß auch keine Wirkung von Androstanolon und Methylandrostendiol gefunden wurde und daß die Versuchsanordnung erforderte, daß die Versuchstiere auf eine eiweißfreie Diät gesetzt worden waren. Inwieweit dies das Fehlen jeglicher Wirkung verursacht hat, läßt sich nicht sagen.

Ungeachtet der oben beschriebenen erfolgversprechenden Resultate konnte das freie Nandrolon nicht zu einem pharmazeutischen Handelspräparat entwickelt werden. Es zeigte sich schließlich, daß die androgene Wirkung nach Injektionen doch zu stark war, während der Stoff oral ebenso wie Testosteron praktisch unwirksam war. Dennoch ist er ein wichtiger Ausgangsstoff für die Entwicklung oraler und parenteraler Präparate mit verlängerter Wirkungsdauer geworden, die unter b) und c) näher beschrieben werden sollen.

Nandrolon hat eine Doppelbindung zwischen den Kohlenstoffatomen 4 und 5. Die analogen Stoffe, bei denen die Doppelbindung zwischen 5 und 10 bzw. 5 und 6 liegt, sind ebenfalls bereits hergestellt und getestet worden. Eine Doppelbindung zwischen 5 und 10 erwies sich für die anabole Aktivität als ungünstig, während es keinen großen Unterschied ausmachte, ob sich diese zwischen 4 und 5 oder zwischen 5 und 6 befand.

B. b) Um oral wirksame Stoffe zu entwickeln, sind zwei Wege eingeschlagen worden:

1. das Herstellen von 17α-Methyl- und -Äthylverbindungen;
2. die Darstellung von 17-Enoläthern.

Die 17α-Methylverbindung ist ein stark wirksames anaboles Steroid (SAUNDERS 1956, OVERBEEK u. DE VISSER 1956). Es hat jedoch neben einer meßbaren androgenen eine sehr starke progestative Wirkung; wegen der letzten Wirkung wird es therapeutisch angewendet. Es hemmt auch in starkem Maße die Abgabe von gonadotropem Hormon aus der Hypophyse. Durch diese pharmakologische Vielseitigkeit konnte dieser Stoff als anaboles Steroid keinen Anwendungsbereich finden. Anders liegen die Verhältnisse bei dem 17α-Äthylderivat (Norethandrolon), das in einem vor allem in Amerika häufig verordneten Präparat enthalten ist, und zwar trotz der Tatsache, daß auch dieser Stoff stark progestativ und gonadenhemmend wirkt. Die anabole Wirkung ist jedoch so stark (und die androgene demgegenüber schwach), daß der Stoff als Anabolicum offenbar verwendet werden kann. Er wurde von COLTON et al. (1957) zusammen mit einer Reihe anderer 17α-Alkylderivate des Nandrolon synthetisiert. Danach folgten dann eine große Anzahl pharmakologischer Untersuchungen.

Schon aus den Untersuchungen von SAUNDERS (1957a) geht hervor, daß nach intramuskulärer Gabe im Levator ani-Test verglichen mit Testosteronpropionat der anabol/androgene Quotient etwa 15 beträgt, während bei Methylandrostendiol und Methyltestosteron diese Q-Werte zwischen 1 und 2 liegen. In einer anderen Veröffentlichung aus dem gleichen Jahr weist SAUNDERS (1957b) darauf hin, daß die 17α-Alkylierung in der Nandrolonreihe zu einer starken Zunahme der progestativen Aktivität führt, während die androgenen und anabolen Wirkungen geringer werden. Die Methyl- und Äthylverbindungen sind jedoch in beiden Fällen sehr aktiv. Auch die Fertilität von Ratten kann dadurch gehemmt werden (SAUNDERS 1958). Diese Befunde stimmen mit denen von GOLDMAN (1957) überein, der in Parabioseversuchen an weiblichen Ratten konstatierte, daß bei sehr niedrigen subcutanen Dosen die Hemmung der gonadotropen Funktion der Hypophyse der einzige wahrnehmbare Effekt war.

Weitere Bestätigungen der anabolen Aktivität wurden mehrfach veröffentlicht (DUCOMMUN et al. 1959, SALA 1957, OVERBEEK et al. 1963). Ein Vergleich mit Äthylestrenol und Methyltestosteron nach oraler Gabe im Levator ani-Test wird in Tabelle 15 dargestellt. Der anabol/androgene Quotient Q im Vergleich mit Methyltestosteron betrug 6,2.

Tabelle 15. *Anabole und androgene Aktivität von Norethandrolon und Äthylestrenol, verglichen mit Methyltestosteron im Levator ani-Test, nach oraler Zuführung*

Präparat	$R_{anab.}$	$R_{andr.}$	Q
Methyltestosteron .	1	1	1
Norethandrolon . .	1,0	0,33	3,1
Äthylestrenol . . .	4,2	0,22	19,0

ASCHKENAZY (1959) stellte bei kastrierten Ratten im Stickstoffgleichgewicht Versuche an. Tabelle 16 zeigt, daß vor allem nach oraler Gabe der Stoff stärker wirkte als Methyltestosteron, während dies nach subcutaner Injektion nicht der Fall war.

Tabelle 16. *Stickstoffretention bei Ratten nach oraler und subcutaner Zuführung von Norethandrolon und Methyltestosteron.* (Nach ASCHKENAZY 1959)

Präparat	mg retinierter Stickstoff	
	5 mg/Tag oral	5 mg/Tag subcutan
Methyltestosteron . . .	84	1183
Norethandrolon	413	910

ASCHKENAZY berichtet auch über das Resultat von Toxicitätsuntersuchungen (von viermonatiger Dauer), die keine beunruhigenden Ergebnisse zeigten. KOWALEWSKI (1958) beschrieb eine verstärkte Aufnahme von ^{35}S bei Ratten mit Humerusfrakturen nach der subcutanen Gabe von 50 mg Norethandrolon, verteilt auf zehn Dosen im Laufe von 3 Wochen. Die gleiche Dosis Testosteronpropionat war unwirksam. Cortison hemmte die Aufnahme von ^{35}S; diese Hemmung konnte durch Norethandrolon durchbrochen werden. LLAURADO (1959) konnte die Wirkung von Cortison auf das Körpergewicht von Ratten mit Norethandrolon nicht weitgehend aufheben. Viel deutlicher war in seinen Versuchen eine Hemmung der Nebennierenatrophie.

Versuche, eine angeborene Muskeldystrophie bei Mäusen zu beheben, wurden von DOWBEN (1959) angestellt. Die Muskeldystrophie wurde zwar nicht beeinflußt, jedoch überlebten die Tiere länger.

Viel Beachtung verdient die Beobachtung von RANNEY u. DRILL (1957), daß Norethandrolon der Leberverfettung, die bei Ratten durch Zuführung von Ethionin hervorgerufen werden kann, subcutan in nicht androgenen Dosen entgegenwirkt. Testosteronpropionat wirkte auch hemmend, jedoch erst in androgen wirksamen Dosen; Progesteron war selbst in hohen Dosen unwirksam. Da Norethandrolon einen Ikterus hervorrufen kann, zeigt diese Beobachtung, daß die Substanz die Leber auf verschiedenen Weisen beeinflussen kann. Schließlich berichtete BAJUSZ (1959), daß die Regeneration eines nach Nervenschäden atrophierten Rattenmuskels durch Wachstumshormon und Methyltestosteron gefördert, durch Cortisol und Norethandrolon dagegen gehemmt wurde (!). Diese letzte Beobachtung fügt sich überhaupt nicht in das vorher umrissene Bild ein.

IRIARTE et al. (1959) synthetisierten die dem Norethandrolon analoge Verbindung mit der Doppelbindung zwischen 5 und 6 anstelle von 4 und 5. In den Aktivitäten zeigte sich kein großer Unterschied. Sie stellten auch die 3β,17β-Diole sowie die 17α-Methylverbindung her und fanden hier einen interessanten anabol/androgenen Quotienten (s. Tabelle 17). Die Diole mit einer 4,5-Doppelbindung wurden von SAUNDERS (1957) als Ester untersucht, lieferten jedoch keine überraschenden Ergebnisse. In mancher Hinsicht ist das von SMITH et al. (1963) hergestellte ($\pm$)13β,17α-Diäthyl-17β-hydroxy-gon-4-en-3-on (Norbolethon) interessant. Die chemische Struktur weicht weniger von der des Norethandrolon ab, als der chemische Name vermuten läßt. Nur hat dieser Stoff am Kohlenstoffatom 13 eine anguläre Äthyl- statt einer Methyl-

Tabelle 17. *Anabole und androgene Aktivität von 17α-Methyl- und 17α-Äthyl-estr-5-en-3β,17β-diol, verglichen mit Methyltestosteron im Levator ani-Test, nach oraler Zuführung.* (Nach IRIARTE 1959)

Präparat	$R_{anab.}$	$R_{andr.}$	Q
Methyltestosteron .	1	1	1
17α-Methyl-estr-5-en-3β,17β-diol. . . .	7	0,5	14
17α-Äthyl-estr-5-en-3β,17β-diol. . . .	4	0,2	20

gruppe. Chemisch ist aber interessant, daß Norbolethon und eine ganze Reihe verwandter Stoffe durch Totalsynthese hergestellt wurden. Infolgedessen erhält man ein racemisches Gemisch der d- und l-Formen, von denen nur die d-Form biologisch aktiv ist (EDGREN et al. 1963). Die pharmakologische Untersuchung einschließlich des quantitativen Vergleichs mit einigen anderen Anabolica wurde von EDGREN (1963) durchgeführt und dann unter anderem von TOMARELLI u. BERNHARDT (1964). In den meisten Versuchen EDGRENs wurde Norbolethon in Öl gelöst und subcutan verabreicht. Die Substanz ist aber auch oral gut wirksam, was im Laboratorium des Verfassers bestätigt wurde, und wird deshalb an dieser Stelle erwähnt. Sowohl am M. levator ani, wie auch im N-Retentionstest der Ratte wurde ein sehr günstiger anabol/androgen-Quotient von etwa 20 gefunden, also der gleichen Größenordnung wie Äthylestrenol. Erwartungsgemäß hat Norbolethon auch eine beträchtliche progestative und gonadenhemmende Aktivität. Unter A. wurden die 7α-Methylverbindungen in der Testosteronreihe erwähnt. Diese Verbindungen wurden von der gleichen Arbeitsgruppe von CAMPBELL et al. (1963) auch in der Nandrolonreihe hergestellt und besonders durch SEGALOFF (1963) und LYSTER u. DUNCAN (1963) gründlich untersucht. Die lokale Wirkung auf den Kapaunenkamm ist bei Nandrolon stärker als bei Testosteron, aber die Anwesenheit der 7-Methylgruppe setzte diese Wirkung herab.

In dieser Reihe wurden regelmäßig stark wirksame Stoffe festgestellt. Sie wirken jedoch nicht nur stark anabol, sondern auch sehr stark androgen (Tabelle 18). Nach Meinung von SEGALOFF könnte dies dadurch

Tabelle 18. *Anabole und androgene Wirkung einiger 7α-Methylderivate des Nandrolons, verglichen mit Methyltestosteron (oral) und Testosteronpropionat (subcutan) im Levator ani-Test.* (Nach SEGALOFF 1963)

Präparat	oral			subcutan		
	$R_{anab.}$	$R_{andr.}$	Q	$R_{anab.}$	$R_{andr.}$	Q
Methyltestosteron	1	1	1	—	—	—
Testosteronpropionat	—	—	—	1	1	1
7α-Methyl-17β-hydroxy-estr-4-en-3-on	5,9	2,5	2,4	13,4	—	—
7α-Methyl-17β-hydroxy-estr-4-en-3-on-acetat	8,4	5,4	1,5	23	6,5	3,5
7α,17α-Dimethyl-17β-hydroxy-estr-4-en-3-on	41	18	2,3	—	—	—

verursacht sein, daß die Anwesenheit der 7α-Methylgruppe den Abbau der Nandrolone hemmt. Dieser Verfasser glaubt auch, daß die Wirkung der Testosteronderivate auf die Endorgane wie Samenblase und M. levator ani auf dem Wege über die Bildung von Nandrolonen verläuft und daß diese letzten Endes für diese Wirkung ursächlich verantwortlich sein dürften. Diese Hypothese stimmt offensichtlich mit der Wirkung der meisten 7α-Methylderivate gut überein.

Chemisch ganz anders, aber pharmakologisch vom gleichen Typ wie diese stark androgen wirkenden Stoffe ist das bis-δ-Methyl-nortestosteron (17α-Methyl-17β-hydroxy-estr-4,9,11-trien-3-on), hergestellt von VELLUZ et al. (1963) und untersucht von FEYEL-CABANES (1963, 1965). Die Substanz ist oral wirksam und zwar 60mal stärker androgen, aber auch 300mal stärker myotroph wirksam als Methyltestosteron. Beträchtliche progestative und gonadenhemmende Aktivitäten sowie eine oestrogene Wirkung im Allen-Doisy-Versuch wurden ebenso beobachtet.

In der von DE WINTER et al. (1959) hergestellten Gruppe der 3-Desoxoverbindungen der Nandrolonderivate (Estrenole) zeichnet sich die Äthylverbindung, das 17α-Äthyl-estr-4-en-17β-ol (Äthylestrenol) durch einen sehr günstigen anabol/androgenen Quotienten Q aus, die im Vergleich mit Methyltestosteron nach oraler Gabe im Levator ani-Test nicht weniger als 19 betrug (OVERBEEK et al. 1961, 1962) (s. Tabelle 13 und 14). Diese Resultate wurden durch CERQUIGLINI u. MARCHETTI (1961) grundsätzlich bestätigt. Sie wählten jedoch die ventrale Prostata anstelle der Samenblase als Kriterium für die androgene Wirkung. Dabei stellten sie eine $R_{\text{anab.}}$ von 5,0, eine $R_{\text{andr.}}$ von 0,15 und einen Q-Wert von 33 fest, wiederum im Vergleich zu Methyltestosteron nach oraler Zuführung. In dem Artikel von OVERBEEK et al. (1961) wird auch die antikatabole Wirkung gegen Hydrocortison, das Ratten eingespritzt wurde, an Hand der Körpergewichtskurve beurteilt. Der Stoff wirkt ungefähr ebenso stark progestativ wie Norethandrolon. Infolge der viermal stärkeren anabolen Wirkung ist dies jedoch für die Praxis kein Nachteil (s. den klinischen Teil).

Eine Verschiebung der Doppelbindung von 4—5 nach 5—6 bewirkt wie in der Nandrolonreihe (s. S. 50) kaum Veränderungen im Wirkungsbild. Bei den 7α-Methylverbindungen wiederum sind sowohl die androgenen wie auch die progestativen Eigenschaften deutlicher; dadurch scheinen sie als anabole Präparate trotz ihrer anabolen Aktivität doch weniger versprechend zu sein.

Anläßlich des Steroid-Kongresses in Mailand (1962) gab ERCOLI eine Übersicht über die Möglichkeiten, durch Verätherung von Steroiden zu oral wirksamen Substanzen zu gelangen. Diese dürften eine recht lange Wirkungsdauer haben, da die Ausscheidung im Urin offenbar verzögert wird. Gleichfalls auf dieser Tagung berichtete FALCONI über einige auf diese Weise hergestellte Substanzen; es ist auffällig, daß die 17-Äther des Nandrolon eine relativ geringe progestative Wirkung haben.

C. Während bei den meisten anabolen Steroiden die Herstellung eines Präparates mit verlängerter Wirkungsdauer die Fortsetzung des Versuches ist, einen Stoff zu finden, bei dem anabole und androgene Wirkungen dissoziiert sind, war der Verlauf der Entwicklung bei den Estern des Nandrolon völlig anders. In diesem Falle führte nämlich gerade die Veresterung der 17β-Hydroxygruppe nicht nur zu einer verlängerten und verstärkten anabolen Wirkung, sondern gleichzeitig auch zu einer Verminderung der androgenen Aktivität.

Aus der Publikation von Barnes et al. ging bereits hervor, daß das Cyclopentyl-propionat von Nandrolon offensichtlich stärker anabol und weniger androgen wirksam war als das Nandrolon selbst, wenn auch quantitativer Vergleich zwischen diesen beiden Stoffen aus den auf S. 34 dargestellten Gründen nicht gut möglich ist.

Eine solche Dissoziation der Wirkungen wurde beim Nandrolonphenylpropionat (Overbeek u. de Visser 1957) und beim Decanoat (de Visser u. Overbeek 1960, Overbeek u. de Visser 1961) gefunden. Diese Untersucher verglichen die anabolen und die androgenen Aktivitäten der entsprechenden Nandrolon- und Testosteronester und errechneten die in den Tabellen angegebenen R- und Q-Werte. Für das Decanoat wurden übereinstimmende Ergebnisse von Marchetti u. Ballasio (1961) und Desaulles (1962) festgestellt.

Übrigens wurde nicht allein die androgene Wirkung durch die Art der Veresterung verringert. Die Abb. 11 und 12 zeigen, daß die gonadenhemmende Wirkung sowohl bei weiblichen wie bei männlichen Ratten beim Decanoat geringer ist als beim Phenylpropionat.

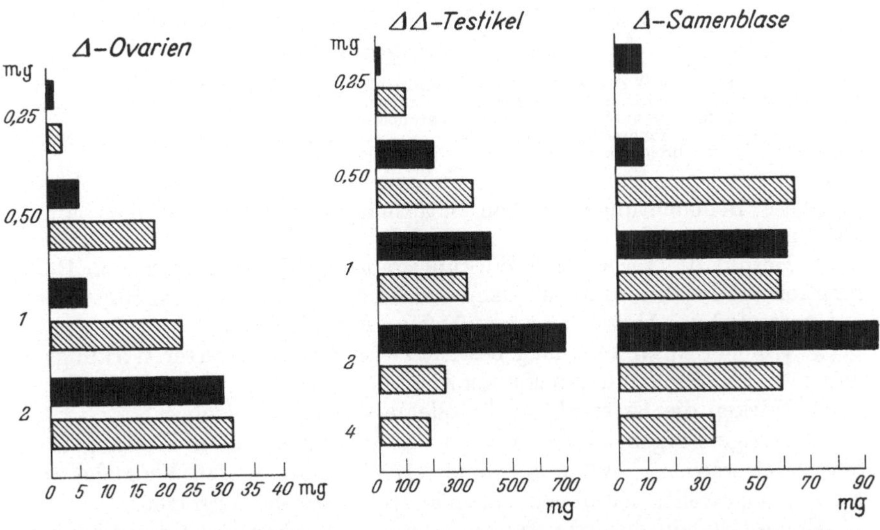

Abb. 11. Der Einfluß einer einmaligen subcutanen Verabreichung von Nandrolondecanoat ■ bzw. Nandrolonphenylpropionat ▨ auf das Gewicht des Rattenovars. Die Zahlen (Δ-Ovarien) geben den Unterschied zwischen den Durchschnittswerten der behandelten Gruppen und der Kontrollgruppe an

Abb. 12. Der Einfluß einer einmaligen subcutanen Verabreichung von Nandrolondecanoat ■ bzw. Nandrolonphenylpropionat ▨ auf die Samenblase und das Testikelwachstum, gemessen am Unterschied zwischen dem Gewicht des am Anfang entfernten einen Testikel, und des anderen Testikel nach Versuchsende (Δ-Testikel) bei der Ratte. Die Zahlen (Δ Δ-Testikel bzw. Δ-Samenblase) geben den Unterschied zwischen den Durchschnittswerten der behandelten Gruppen und der Kontrollgruppe an

Das gleiche gilt für die antioestrogene Wirkung, getestet am Vaginalaustrich von mit Oestradiol behandelten kastrierten Ratten. Es erwies sich also, daß jedenfalls beim Nandrolon (beim Testosteron ist dies nicht der Fall!) die Veresterung einige Eigenschaften reduzierte, während die anabole Wirkung unbeeinflußt blieb. Übrigens hat der Fortgang der Erforschung weiterer Ester gezeigt, daß eine noch weitergehende Reduktion der androgenen Wirkung möglich ist. Nandrolonester wie Oleat und Decosanoat (Overbeek et al. 1962) sind praktisch überhaupt nicht mehr androgen wirksam. Abb. 13 zeigt das fast völlige Fehlen einer Wirkung bei der enormen Dosis von einmal 16 mg der beiden letztgenannten Ester im Hershberger-Test, gemessen am Gewicht der Samenblase und der Prostata. Es sei auch noch darauf hingewiesen, daß der Eindruck entstand, diese „langkettigen" Ester wirkten wohl immer weniger androgen, aber nicht immer länger anhaltend, wenn auch zuzugeben ist, daß das Ende der Wirkung eines Esters mit verlängerter Wirkungsdauer nicht mit der erforderlichen Exaktheit festgestellt werden kann, da der Ausgangspunkt niemals wieder erreicht werden kann.

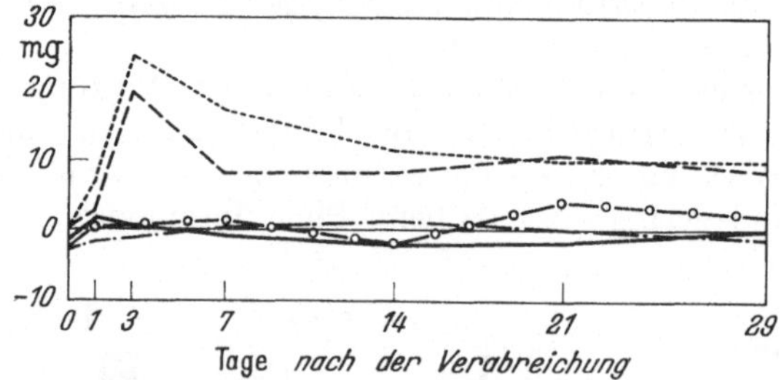

Abb. 13. Die androgene Wirkung von Nandrolon und einigen seiner Ester. Die Zahlen geben den Unterschied zwischen den Durchschnittswerten der Gruppen, denen das Äquivalent von 1 mg Nandrolon subcutan injiziert wurde, und der Kontrollgruppe an.
Nandrolon ———— ; Nandrolonphenylpropionat ······ ; Nandrolondecanoat – – – – – ; Nandrolondocosanoat —·—·—· ; Nandrolonoleat -○- -○- -○-

Diese Beobachtungen werfen natürlich viele weitere Fragen auf, wie die folgenden:

1. Beruht die verlängerte Wirkungsdauer auf einer verzögerten Resorption am Injektionsort, auf langanhaltender Zirkulation im Blut oder auf verzögertem Abbau oder verzögerter Ausscheidung?
2. Welcher Zusammenhang besteht zwischen verlängerter Wirkungsdauer und anabol/androgenem Quotienten?
3. Wirken die Ester als solche oder erst nach Hydrolyse?

Derartige Fragen können vorerst nur in beschränktem Umfang beantwortet werden. Overbeek et al. (1962) haben hierzu Versuche an Ratten angestellt, aus denen folgende Resultate hervorgingen:

Es besteht ein gewisser Zusammenhang zwischen der Geschwindigkeit des Verschwindens vom Injektionsort und der Dauer der Wirkung (die Ester mit langer Kette verschwinden langsamer). Dennoch erklärt dieser Zusammenhang noch nicht alles, da das Phenylpropionat noch schneller verschwand als freies Nandrolon, und trotzdem länger wirkte. Die Wirkung hielt auch dann noch lange an, wenn alle Substanz vom

Injektionsort verschwunden war. Das Phenylpropionat verschwindet auch nach intravenöser Zufuhr nach einer minimalen Zeit aus der Blutbahn. Es konnte in der Leber, den Nieren oder Lungen nicht nachgewiesen werden. In vitro wurde es durch Blut und Leberhomogenat hydrolysiert. Nach Injektion in den M. levator ani fanden sich dieselben Aktivitätsverhältnisse wie nach Injektion in den M. gastrocnemius. Dieser Befund ist deshalb nicht sehr überraschend, weil in beiden Fällen die Geschwindigkeit des Verschwindens aus den Muskeln die Wirkung bestimmt. Es beweist aber aus diesem Grunde auch nicht, daß die Ester als solche wirksam sind. Es hat den Anschein, als ob bezüglich der Wirkung auf den M. levator ani eine langdauernde Einwirkung niedriger Konzentrationen das Wachstum fördert, während das für die Samenblase und Prostata nicht oder nur in geringerem Maße zutrifft. Um dies zu überprüfen, wurde die Wirkung einer langsam resorbierbaren Implantationstablette von Nandrolon untersucht. Tatsächlich bewirkte diese einen sehr starken Effekt auf den M. levator ani, jedoch war die Wirkung auf die Samenblase stärker als erwartet wurde, so daß die Analogie zu den Estern sich doch nicht als vollständig erwies. Diese läßt sich besser erreichen, wenn die Verabreichung des Nandrolons mehr in Übereinstimmung mit der Freisetzung dieses Stoffes im Organismus gebracht wird, falls dieser im Körper aus einem der Nandrolonester entstanden sein sollte. Hierzu wurde zunächst nach einer Injektion von Nandrolonphenylpropionat bzw. -decanoat in den M. gastrocnemius von Ratten der Zeitbedarf für das Verschwinden der Substanz gemessen. Danach wurde anderen Ratten dreimal täglich freies Nandrolon eingespritzt über einen Zeitraum von 1 bzw. 2 Wochen und nach einem Dosierungsschema, das mit den zuvor festgestellten (unterschiedlichen) Eliminierungskurven der Ester aus dem Muskelgewebe übereinstimmt (Tabelle 19).

Tabelle 19. *Nandrolondosierungen, die einer einzigen Nandrolonphenylpropionat- bzw. Nandrolondecanoatgabe entsprechen*

A. Einer einzigen Nandrolonphenylpropionatgabe entsprechen:

	Tag													
	1	2	3	4	5	6	7	8	9	10	11	12	13	14
8 Uhr	20	8	6	3	2	1	$^1/_2$							
16 Uhr	16	8	5	2	1	1	$^1/_2$							
24 Uhr	12	7	3	2	1	$^1/_2$	$^1/_2$							

B. Einer einzigen Nandrolondecanoatgabe entsprechen:

	Tag													
	1	2	3	4	5	6	7	8	9	10	11	12	13	14
8 Uhr	4	4	3	3	$2^1/_2$	2	2	$1^1/_2$	2	$1^1/_2$	1	1	1	$^1/_2$
16 Uhr	4	4	$2^1/_2$	$2^1/_2$	$2^1/_2$	$2^1/_2$	2	$1^1/_2$	$1^1/_2$	1	1	1	1	$^1/_2$
24 Uhr	4	4	$2^1/_2$	$2^1/_2$	$2^1/_2$	2	1	$1^1/_2$	$1^1/_2$	$1^1/_2$	1	1	1	1

Dosierungsangaben in Prozent der zu verabreichenden Gesamtmenge.

Tabelle 20 zeigt, daß auf diese Weise eine auffallende Übereinstimmung mit den Effekten der beiden Ester erreicht wurde, wenn es auch natürlich bei einer Annäherung bleiben muß. Nach diesem Versuch

Tabelle 20. *Einfluß der Verabreichungsart auf den Effekt des Nandrolons*

Präparat	Gesamt-dosis	Verabreichungs-art	Gewichtszunahme in mg			
			nach 1 Woche		nach 2 Wochen	
			MLA	Samen-blase	MLA	Samen-blase
Nandrolon	1,75	Einzeldosis	3,3	1,5	5,3	0,5
Nandrolonphenylpropionat	1,00[1]	Einzeldosis	33,0	16,6		
Nandrolon	1,75	„imitierend"	30,0	17,2		
Nandrolon	1,75	21 gleiche Dosen	33,8	33,6		
Nandrolondecanoat . . .	1,00[1]	Einzeldosis	25,0	8,8	34,5	6,3
Nandrolon	1,75	„imitierend"	25,5	6,9	31,0	5,0

[1] Diese Dosen wurden gewählt, um die Wirkung auf den MLA gleichzumachen.

(VAN DER VIES 1965) ist es wahrscheinlich, daß das freie Nandrolon an den Receptoren angreift, nicht aber die ungespaltenen Ester. Trotzdem bleibt man bei der klinischen Anwendung auf die Ester angewiesen, da es unzweckmäßig ist, das Nandrolon nach dem für den angestrebten Effekt notwendigen Dosierungsschema in der Praxis anzuwenden. Weiter wird deutlich, daß was für die Nandrolonester zutrifft, nicht ohne weiteres auch für die anderen Ester anderer Steroide Gültigkeit haben muß.

Verschiedene andere Steroidester wurden beschrieben. Es sei das 4-Hydroxynandroloncyclopentylpropionat genannt, das nach SALA u. BALDRATTI (1963) stärker anabol wirkte als die Cyclopentylpropionate von Testosteron und 4-Hydroxy-testosteron. Die schwächste Wirkung auf die Prostata hatte eigenartigerweise das 4-Hydroxytestosteroncyclopentylpropionat, wodurch einmal wieder gezeigt wird, wie schwierig die Wirkungen neuer und sogar eng verwandter Stoffe vorauszusagen sind. Weitere vielversprechende Ester sind Hexahydrobenzoat (DICZFALUSY 1960) und das strukturell eigentümliche Adamanthat (RAPALA 1964, RAPALA et al. 1965).

C. Pregnanderivate

In dieser Gruppe finden sich keine Stoffe mit praktisch bedeutsamer anaboler Wirkung. Für die wenigen aktiven Stoffe sei auf den Anhang verwiesen.

Anhang I

Wie auf S. 37 angegeben, umfaßt der Anhang alle jene Steroide mit anaboler Aktivität, die der Verfasser zu ermitteln imstande war. Wenn Stoffe durch sehr viele Untersucher beschrieben wurden, sind nur einige Referate über die chemische Herstellung und die ersten pharmakologischen Untersuchungen aufgenommen worden. In solchen Fällen findet sich eine Beschreibung dieser Stoffe auch im Abschnitt „Anabole Steroide". Zur Abkürzung wurde nur der erste Autor angegeben. Patentliteratur wurde nicht aufgenommen.

Die Stoffe sind, wie auch im Abschnitt, in drei Klassen eingeteilt: Androstan-, Estran- und Pregnanderivate. Die Reihenfolge der Stoffe je Klasse ist alphabetisch, wobei die ersten Buchstaben der verschiedenen chemischen Gruppen verwendet wurden; hierzu wurden in Übereinstimmung mit der UPAC-Nomenklatur die Bezeichnungen **E**thyl, **E**thynyl, **E**stran usw. verwendet. Wenn zwei Stoffe die gleiche Buchstabenreihe erhalten infolge der Tatsache, daß nur der Platz der Substituenten unterschiedlich ist, so wird die Reihenfolge durch die erstgenannte Zahl bestimmt.

Folgende Beispiele sollen dies verdeutlichen:

2-**f**luor-17β-**h**ydroxy-**a**ndrost-4-**e**n-3-**o**n. 2 fhaeo
4-**f**luor-17β-**h**ydroxy-**a**ndrost-4-**e**n-3-**o**n. 4 fhaeo
9-**f**luor-17β-**h**ydroxy-17-**m**ethyl-**a**ndrost-4-**e**n-3,11-**d**ion. fhmaed
2-**h**ydroxy-**a**ndrosta-1,4-**d**ien-3,17-**d**ion. hadd

Die Folge dieses Systems, das Alphabet über die chemische Struktur zu stellen, ist, daß eine Monochlorverbindung vor einer Dichlorverbindung angegeben wird (c kommt vor d), während eine Difluorverbindung vor eine Monofluorverbindung gesetzt wird (d kommt vor f).

Dieser Mangel an chemischer Logik ist jedoch bewußt in Kauf genommen worden, da die alphabetische Reihenfolge für Leser, die mit der unübersichtlichen Steroidchemie nicht besonders vertraut sind, wohl einfacher sein wird.

Androstanderivate

Die kursiven Ziffern unter den Substanzen verweisen auf das Literaturverzeichnis auf S. 64.

5α-Androstan-3,17-dion
[39, 50, 51, 52]
5α-Androstan-3α,17β-diol
[33a, 49, 50, 51, 52]
5α-Androst-1,3-dien-17β-ol
[44]
5α-Androst-1-en-3β,17β-diol
[22a]
5α-Androst-1-en-17β-ol
[13, 44]
5α-Androst-2-en-17β-ol
[13, 44]
5α-Androst-3-en-17β-ol
[44]
Androst-4-en-3,17-dion
[48, 49, 50, 51, 52]
Androst-5-en-3β,17β-diol
[67]
Androst-4-en-17β-ol
[44]
Androst-4-en-3,11,17-trion
[98]
1α,7α-Bis(acetylthio)-17α-methyl-17β-hydroxy-androst-4-en-3-on
[54, 55]
2-Brom-5α-androst-1-en
[22]
9α-Brom-11β-fluor-androst-1,4-dien-3,20-dion
[80]
9α-Brom-11β-fluor-17β-hydroxy-17α-methyl-androst-4-en-3-on
[80]
9α-Brom-11β-fluor-17β-hydroxy-17α-methyl-androst-1,4-dien-3-on
[80]
4-Brom-17β-hydroxy-androst-4-en-3-on
[16]
2-Carboxy-17α-methyl-5α-androstan-17β-ol
[44]
2-Carboxy-17α-methyl-5α-androst-2-en-17β-ol
[44]
2-Chlor-5α-androst-1-en
[22]
4-Chlor-11β,17β-dihydroxy-androst-4-en-3-on
[82]
9α-Chlor-11β-fluor-androst-1,4-dien-3,20-dion
[80]

6-Chlor-17β-hydroxy-androst-4,6-dien-3-on
[44]

4-Chlor-17β-hydroxy-androst-4-en-3-on
[6, 10, 14, 16, 82, 99]

2-Chlormethyl-androst-2-en-17β-ol
[32]

2-Cyano-17α-methyl-5α-androst-2-en-17β-ol
[44]

3,5-Cyclo-6β-hydroxy-androstan-17-on
[43]

9α,11β-Dichlor-17β-hydroxy-17α-methyl-androst-1,4-dien-3-on
[80]

2-Difluormethyl-androst-2-en-17β-ol
[32, 44]

2α,3α-Difluormethylen-5α-androstan-17β-ol
[44]

2β,3β-Difluormethylen-5α-androstan-17β-ol
[44]

2α,3α-Difluormethylen-17α-methyl-5α-androstan-17β-ol
[44]

2,17β-Dihydro-androst-1,4-dien-3-on
[7]

4,17β-Dihydroxy-androst-4-en-3-on
[14, 16, 82]

2,17β-Dihydroxy-17α-methyl-androst-1,4-dien-3-on
[7]

11β,17β-Dihydroxy-17α-methyl-androst-4-en-3-on
[38, 59]

3,17α-Dimethyl-androsta-4,6-dien-17β-ol
[41]

2,17α-Dimethyl-5α-androst-2-en-17β-ol
[23, 24, 44]

3,17α-Dimethyl-5α-androst-2-en-17β-ol
[41]

2α,17α-Dimethyl-5α-androstan-17β-ol-3,3′-azine
[75]

1α,17α-Dimethyl-17β-hydroxy-5α-androstan-3-on
[17]

Dimethylhydrazon von-17β-hydroxy-androst-4-en-3-on
[64]

17α-Ethynyl-17β-hydroxy-androst-4-en-3-on
[98]

9α-Fluor-11β,17β-dihydroxy-17α-methyl-androst-4-en-3-on
[38, 59]

2α-Fluor-17β-hydroxy-5α-androstan-3-on
[31, 45]

2α-Fluor-17β-hydroxy-androst-4-en-3-on
[31, 66]

4-Fluor-17β-hydroxy-androst-4-en-3-on
[14, 16]

6α-Fluor-17β-hydroxy-androst-4-en-3-on
[44]

9α-Fluor-17β-hydroxy-17α-methyl-androst-4-en-3,11-dion
[38, 59]

2-Fluormethyl-5α-androst-2-en-17β-ol
[44]

2-Formyl-5α-androst-2-en-17β-ol
[44]

2-Formyl-17β-hydroxy-17α-methyl-5α-androst-1-en-3-on
[44]

2-Formyl-17α-methyl-5α-androstan-17β-ol
[44]

2-Formyl-17α-methyl-5α-androst-2-en-17β-ol
[44]

2-Hydroxy-androst-1,4-dien-3,17-dion
[7]

17β-Hydroxy-androst-1,4-dien-3-on
[30]

3β-Hydroxy-androst-5-en-17-on
[51, 52, 58]

17β-Hydroxy-androst-4-en-3-on
[44]

3α-Hydroxy-5α-androstan-17-on
[39, 58]

3β-Hydroxy-5α-androstan-17-on
[50, 51]

6β-Hydroxy-5α-androstan-17-on
[43]

17α-Hydroxy-5α-androstan-3-on
[48]

17β-Hydroxy-5α-androstan-3-on
[8, 30, 33a, 50, 51, 52, 86, 93, 94]

17β-Hydroxy-5α-androstano-(3,2-o)-1′,4′-thiaz-5′-en-3-3′-on
[90]

17β-Hydroxy-1,17α-dimethyl-5α-androst-1-en-3-on
[30, 96]

17β-Hydroxy-2α,17α-dimethyl-androst-4-en-3-on
[63, 79a]

17β-Hydroxy-6α,17α-dimethyl-androst-4-en-3-on
[15]

17β-Hydroxy-6β,17α-dimethyl-androst-4-en-3-on
[15]

17β-Hydroxy-2-methyl-androst-1,4-dien-3-on
[44]

17β-Hydroxy-17α-methyl-androst-1,4-dien-3-on
[26, 30, 42, 52]

17β-Hydroxy-17α-methyl-androst-4,6-dien-3-on
[76, 77]

17β-Hydroxy-17α-methyl-androst-4-en-3,11-dion
[59]

17β-Hydroxy-1-methyl-5α-androst-1-en-3-on
[89, 95]

17β-Hydroxy-2-methyl-5α-androst-1-en-3-on
[44]

17β-Hydroxy-2α-methyl-5α-androst-9(11)-en-3-on
[44]

17β-Hydroxy-4-methyl-androst-4-en-3-on
[5, 16, 79, 92]

17β-Hydroxy-6α-methyl-androst-4-en-3-on
[15, 78]

17β-Hydroxy-6β-methyl-androst-4-en-3-on
[15]

17β-Hydroxy-17α-methyl-androst-4-en-3-on
[22a, 25, 30]

17β-Hydroxy-2α-methyl-5α-androstan-3-on
[44, 79a]

17β-Hydroxy-5α-methyl-androstan-3-on
[34]

17β-Hydroxy-6β-methyl-5α-androstan-3-on
[78]

17β-Hydroxy-17α-methyl-5α-androstan-3-on
[49, 51, 52]

17β-Hydroxy-17α-methyl-5α-androst-1-en-3-on
[46]

17β-Hydroxy-17α-methyl-5α-androst-2-en-3-on
[46]

17β-Hydroxy-19-methyl-androst-4-en-3-on
[44]

17β-Hydroxy-17α-methyl-5α-androstano(3,2-e)-1′,4′-thiaz-5′-en-3′-on
[90]

17β-Hydroxy-2-methyl-androst-1,4,6-trien-3-on
[44]

17β-Hydroxy-2-hydroxymethylen-17α-methyl-androst-4-en-3-on
[33]

17β-Hydroxy-2-hydroxymethylen-17α-methyl-5α-androstan-3-on
[19, 30, 42, 79a, 103]

2-Hydroxymethyl-5α-androst-2-en-17β-ol
[44, 67a]

2-Hydroxymethyl-17α-methyl-5α-androst-2-en-17β-ol
[67a]

17β-Hydroxy-17α-methyl-2-oxa-5α-androstan-3-on
[72]

17β-Hydroxy-17α-vinyl-androst-4-en-3-on
[39]

Isoxazol-(2,3-d)-5α-androstan-17β-ol
[20, 62]

17α-Methyl-5α-androstan-3β,17β-diol
[49, 50]

17α-Methyl-5α-androstan-3α,17β-diol
[49, 51, 52]

17α-Methyl-5α-androst-1-en-3β,17β-diol
[22a]

17α-Methyl-5α-androstan-17β-ol
[49]

17α-Methyl-androst-5-en-3α,17β-diol
[76]

17α-Methyl-androst-5-en-3β,17β-diol
[39, 49, 53, 81, 93]

2-Methyl-5α-androst-1-en-17β-ol
[44]

2-Methyl-5α-androst-2-en-17β-ol
[24, 44]
2-Methylen-5α-androstan-17β-ol
[23, 44]
17α-Methyl-5α-androst-2-en-17β-ol
[13, 44]
3-Methylen-17α-ethyl-androst-4-en-17β-ol
[41]
17α-Methyl-isoxazol-(3,2-c)-androstan-17β-ol
[3]
17α-Methyl-isoxazol-(2,3-d)-androst-4-en-17β-ol
[3, 62]
2-Methylen-17α-methyl-5α-androstan-17β-ol
[24, 44]
3-Methylen-17α-methyl-5α-androst-1-en-17β-ol
[41]
3-Methylen-17α-methyl-androst-4-en-17β-ol
[41]
3-Methylen-17α-methyl-5α-androstan-17β-ol
[41, 44]
3-Methylen-17α-methyl-9α-fluor-androst-4-en,11β,17β-diol
[41]
17α-Methyl-2-nitrilo-5α-androst-2-en-17β-ol
[44]
17α-Methyl-pyrazol-(3,2-c)-5α-androstan-17β-ol
[1, 2, 11, 18, 19, 30, 42, 52]
17α-Methyl-pyrazol-(3,2-d)-androst-4-en-17β-ol
[11, 18, 77]
2-Nitrilo-5α-androst-2-en-17β-ol
[44]

Estranderivate

4-Chlor-17β-hydroxy-estr-4-en-3-on
[52]
4-Chlor-17β-hydroxy-17α-methyl-estr-4-en-3-on
[82]
4,17β-Dihydroxy-estr-4-en-3-on
[82, 83]
10β,17β-Dihydroxy-estr-4-en-3-on
[73]
11β,17β-Dihydroxy-17α-ethyl-estr-4-en-3-on
[61]
13β-17α-Diethyl-17β-hydroxy-estr-4-en-3-on
[30, 91]
7α,17α-Dimethyl-17β-hydroxy-estr-4-en-3-on
[60]
17α-Ethyl-estr-4-en-3β,17β-diol
[85]
17α-Ethyl-estr-5-en-3α,17β-diol
[40]
17α-Ethyl-estr-4-en-17β-ol
[3, 42, 71, 102]

17α-Ethynyl-10β,17β-dihydroxy-5α-fluor-estran-3-on
[73]

10-Ethyl-17β-hydroxy-estr-4-en-3-on
[44]

17α-Ethyl-17β-hydroxy-estr-4-en-3-on
[2, 4, 21, 28, 29, 30, 36, 37, 42, 47, 52, 56, 65, 82, 85, 86, 87, 88]

17α-Ethyl-17β-hydroxy-estr-5-en-3-on
[40]

17α-Ethynyl-17β-hydroxy-estr-4-en-3-on
[74, 84, 87]

Estr-4-en-3β,17β-diol
[84, 85]

Estr-4-en-3,17-dion
[39]

17β-Hydroxy-estr-4-en-3-on
[8, 9, 12, 14, 16, 27, 30, 33a, 39, 39a, 44, 52, 57, 70, 82, 87, 93. 94, 101]

17β-Hydroxy-estr-5(10)-en-3-on
[39]

17β-Hydroxy-7α-methyl-estr-4-en-3-on
[60]

17β-Hydroxy-17α-methyl-5α-estran-3-on
[88]

17β-Hydroxy-17α-methyl-estra-1,4-dien-3-on
[26, 42, 52]

17β-Hydroxy-17α-methyl-estr-4-en-3-on
[68, 69, 84, 87]

17β-Hydroxy-17α-methyl-estr-5-en-3-on
[40]

17β-Hydroxy-17α-methyl-estr-5(10)-en-3-on
[77]

17β-Hydroxy-17α-methyl-estr-4,9,11-trien-3-on
[33b, 100]

17β-Hydroxy-17α-propyl-estr-4-en-3-on
[84]

17β-Hydroxy-10-vinyl-estr-4-en-3-on
[44]

17β-Hydroxy-17α-vinyl-estr-4-en-3-on
[84]

17α-Methyl-estr-5-en-3β,17β-diol
[40]

17α-Methyl-estr-4-en-17β-ol
[97, 102]

3-Methylen-17α-ethyl-estr-4-en-17β-ol
[41]

17α-(1-Methallyl)-17β-hydroxy-estr-4-en-3-on
[97]

3-Methylen-17α-methyl-estr-4-en-17β-ol
[41]

Pregnanderivate

17α-Hydroxy-pregn-4-en-3,20-dion
[35, 97]

Pregn-4-en-3,6,20-trion
[98]

Literatur

[*1*] Arnold, A.: Proc. Soc. exp. Biol. (N.Y.) **102**, 184 (1960).
[*2*] Arnold, A.: Endocrinology **72**, 408 (1963).
[*3*] Arnold, A.: Acta endocr. (Kbh.) **44**, 490 (1963).
[*4*] Aschkenasy, A.: Therapie **14**, 332 (1959).
[*5*] Atwater, N. W.: J. Amer. chem. Soc. **82**, 2847 (1960).
[*6*] Baldratti, G.: Boll. Soc. ital. Biol. sper. **33**, 342 (1957).
[*7*] Baran, J. S.: J. Amer. chem. Soc. **80**, 1687 (1958).
[*8*] Barnes, L. E.: Proc. Soc. exp. Biol. (N.Y.) **87**, 35 (1954).
[*9*] Barnes, L. E.: Endocrinology **55**, 77 (1954).
[*10*] Bernelli-Zazzera, A.: Nature (Lond.) **182**, 663 (1958).
[*11*] Beyler, A. L.: Endocrinology **68**, 987 (1961).
[*12*] Bourlière, F.: C. R. Soc. Biol. (Paris) **152**, 1636 (1959).
[*13*] Bowers, A.: J. med. pharm. Chem. **6**, 156 (1963).
[*14*] Camerino, B.: J. Amer. chem. Soc. **78**, 3540 (1956).
[*15*] Campbell, J. A.: J. Amer. chem. Soc. **80**, 4717 (1958).
[*16*] Cavallero, C.: Acta endocr. (Kbh.), Suppl. **38**, 46 (1958).
[*17*] Cekan, Z.: Naunyn-Schmiedebergs Arch. exp. Path. Pharmak. **245**, 117 (1963).
[*18*] Clinton, R. O.: J. Amer. chem. Soc. **81**, 1513 (1959).
[*19*] Clinton, R. D.: J. Amer. chem. Soc. **83**, 1478 (1961).
[*20*] Clinton, R. O.: J. org. Chem. **26**, 279 (1961).
[*21*] Cotton, F. B.: J. Amer. chem. Soc. **79**, 1123 (1957).
[*22*] Counsell, R. E.: J. med. pharm. Chem. **5**, 477 (1962).
[*22a*] Counsell, R. E.: J. med. pharm. Chem. **6**, 736 (1963).
[*23*] Cross, A. D.: J. med. pharm. Chem. **5**, 406 (1962).
[*24*] Cross, A. D.: J. med. pharm. Chem. **6**, 162 (1963).
[*25*] Deanesly, R.: Brit. med. J. **1963 II**, 527.
[*26*] Desaulles, S. A.: Schweiz. med. Wschr. **89**, 1313 (1959).
[*27*] Donini, P.: Rass. Clin. Ter. **56**, 17 (1957).
[*28*] Dowben, R. M.: Nature (Lond.) **184**, 1966 (1959).
[*29*] Ducommun, P.: Acta endocr. (Kbh.) **30**, 78 (1959).
[*30*] Edgren, R. A.: Acta endocr. (Kbh.), Suppl. **87** (1963).
[*31*] Edwards, J.: J. Amer. chem. Soc. **81**, 5262 (1959).
[*32*] Edwards, J. A.: J. med. pharm. Chem. **6**, 174 (1963).
[*33*] Edwards, J. A.: J. med. pharm. Chem. **6**, 178 (1963).
[*33a*] Ercoli, A.: Chem. and Ind. **1962**, 1248.
[*33b*] Feyel Cabanes, T.: C. R. Soc. Biol. **157**, 1428 (1963).
[*34*] Fried, J. H.: J. Amer. chem. Soc. **82**, 5704 (1960).
[*35*] Gassner, F. Y.: Ann. N.Y. Acad. Sci. **71**, 572 (1958).
[*36*] Goldman, J. N.: J. clin. Endocr. **16**, 926 (1956).
[*37*] Goldman, J. N.: Endocrinology **61**, 166 (1957).
[*38*] Herr, M. E.: J. Amer. chem. Soc. **78**, 500 (1956).
[*39*] Hershberger, G. L.: Proc. Soc. exp. Biol. (N.Y.) **83**, 175 (1953).
[*39a*] Holtkamp, D. E.: J. clin. Endocr. **15**, 848 (1955).
[*40*] Iriarte, J.: J. Amer. chem. Soc. **81**, 436 (1959).
[*41*] Irmscher, K.: J. med. pharm. Chem. **7**, 345 (1964).
[*42*] Junkmann, K.: Arzneimittel-Forsch. **12**, 214 (1962).
[*43*] Kassenaar, A. A. H.: Acta endocr. (Kbh.) **12**, 153 (1953).
[*44*] Kincl, F. A.: Steroids **3**, 109 (1964).
[*45*] Klimstra, P. D.: J. med. pharm. Chem. **5**, 1216 (1962).
[*46*] Klimstra, P. D.: J. med. pharm. Chem. **8**, 48 (1965).
[*47*] Klyne, W.: Proc. roy. Soc. Med. **52**, 509 (1959).

[48] Kochakian, C. D.: Amer. J. Physiol. **160**, 53 (1950).
[49] Kochakian, C. D.: Proc. Soc. exp. Biol. (N.Y.) **80**, 386 (1952).
[50] Kochakian, C. D.: J. clin. Endocr. **15**, 849 (1955).
[51] Kochakian, C. D.: Endocrinology **60**, 607 (1957).
[52] Kochakian, C. D.: Klin. Wschr. **39**, 881 (1961).
[53] Korner, A.: J. Endocr. (Lond.) **13**, 78, 84, 90 (1955).
[54] Krämer, J. M.: Chem. Ber. **96**, 2803 (1963).
[55] Kraft, H. G.: Arzneimittel-Forsch. **14**, 328, 330 (1964).
[56] Laurado, J. G.: Acta endocr. (Kbh.) **32**, 536 (1959).
[57] Leiner, L.: Endocrinology **64**, 1010 (1959).
[58] Levey, H. A.: Endocrinology **56**, 404 (1955).
[59] Lyster, S. C.: Endocrinology **58**, 781 (1956).
[60] Lyster, S. C.: Acta endocr. (Kbh.) **43**, 399 (1963).
[61] Magerlein, B. J.: J. Amer. chem. Soc. **80**, 2220 (1958).
[62] Manson, A. J.: J. med. pharm. Chem. **6**, 1 (1963).
[63] Mauli, R.: J. Amer. chem. Soc. **82**, 5494 (1960).
[64] McKinney, G. R.: Proc. Soc. exp. Biol. (N.Y.) **108**, 373 (1961).
[65] Mimni, M. E.: Proc. Soc. exp. Biol. (N.Y.) **94**, 606 (1957).
[66] Nathan, A. H.: J. org. Chem. **24**, 1395 (1959).
[67] Netter, A.: Ann. Endocr. (Paris) **13**, 346 (1952).
[67a] Orr, J. C.: J. med. pharm. Chem. **6**, 166 (1963).
[68] Overbeek, G. A.: Ann. Endocr. (Paris) **17**, 268 (1956).
[69] Overbeek, G. A.: Acta endocr. (Kbh.) **22**, 318 (1956).
[70] Overbeek, G. A.: Acta endocr. (Kbh.) **38**, 285 (1961).
[71] Overbeek, G. A.: Acta endocr. (Kbh.) **40**, 133 (1962).
[72] Pappo, R.: Tetrahydronletters Nr. 9, 365 (1962).
[73] Perez Ruelas, J.: J. org. Chem. **23**, 1744 (1958).
[74] Pincus, G.: Science **124**, 890 (1956).
[75] Piotti, L. E.: Boll. Soc. med.-chir. Pavia **76**, 17 (1962).
[76] Potts, G. O.: Fed. Proc. 18, 2131 (1959).
[77] Potts, G. O.: Endocrinology **67**, 849 (1960).
[77a] Rabinowitz, J. L.: Amer. J. med. Sci. **246**, 456 (1963).
[78] Ringold, H. J.: J. org. Chem. **22**, 99 (1957).
[79] Ringold, H. J.: J. org. Chem. **22**, 602 (1957).
[79a] Ringold, H. J.: J. Amer. chem. Soc. **81**, 427 (1959).
[80] Robinson, C. H.: J. Amer. chem. Soc. **82**, 4611 (1960).
[81] Sakomoto, W.: Proc. Soc. exp. Biol. (N.Y.) **76**, 406 (1951).
[82] Sala, G.: Proc. Soc. exp. Biol. (N.Y.) **95**, 22 (1957).
[83] Sala, G.: Endocrinology **72**, 494 (1963).
[84] Saunders, F. J.: Endocrinology **58**, 567 (1956).
[85] Saunders, F. J.: Acta endocr. (Kbh.) **26**, 345 (1957).
[86] Saunders, E. J.: Proc. Soc. exp. Biol. (N.Y.) **94**, 646 (1957).
[87] Saunders, F. J.: Proc. Soc. exp. Biol. (N.Y.) **94**, 717 (1957).
[88] Saunders, F. J.: Endocrinology **63**, 561 (1958).
[89] Schwarzlose, W.: Naunyn-Schmiedebergs Arch. exp. Path. Pharmak. **245**, 113 (1963).
[90] Shaw, Ph. E.: J. med. pharm. Chem. **7**, 555 (1964).
[91] Smith, H.: Experientia **19**, 394 (1963).
[92] Sondheimer, F.: J. Amer. chem. Soc. **79**, 2906 (1957).
[93] Stafford, R. O.: Proc. Soc. exp. Biol. (N.Y.) **86**, 322 (1954).
[94] Stafford, R. O.: J. clin. Endocr. **14**, 799 (1954).
[95] Suchowsky, G. K.: Klin. Wschr. **39**, 369 (1961).
[96] Suchowsky, G. K.: Acta endocr. (Kbh.) **39**, 68 (1962).
[97] Sulman, F. G.: Arch. int. Pharmacodyn. **141**, 271 (1963).
[98] Takeshi Nakao: Endocr. jap. **5**, 149 (1958).
[99] Tomoko Fujii: Endocr. jap. **9**, 93 (1962).
[100] Velluz, L.: C. R. Acad. Sci. **257**, 569 (1963).
[101] Vies, J. v. d.: Acta endocr. (Kbh.) **49**, 271 (1965).
[102] Winter, M. S. de: Chem. and Ind. **1959**, 905.
[103] Zderic, J. A.: J. med. pharm. Chem. **6**, 195 (1963).

Anhang II. Anabole Präparate

Stoffname	Strukturformel	Handelsname	Land*	Hersteller
Androisoxazol		Androxan	10	Leo-Lundbeck
		Neo-Ponden	5	Serono
		Neo-Pondus	6	Ausonia
Androstanolon		Anaboleen	3	B.A.G.
		Anabolex	2	Lloyd-Hamol
			5	Samil
		Androlone	5	Orma
		Androstalone (Methylester)	2	Roussel
		Apeton	9	Fujisawa
		Apeton depot (Valerianat)	9	Fujisawa
		Protona	4	Gremy
Bolasteron	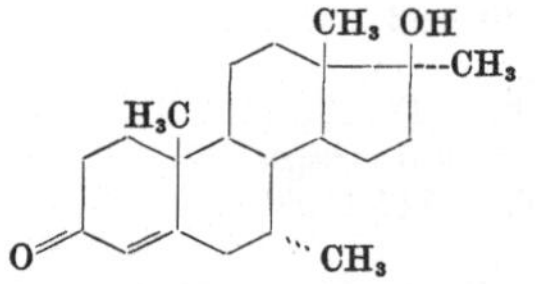	Myagen	7	Upjohn
Chlortesto-steron		Macrobin (Acetat)	9	Teikoku
		Macrobin-depot (Capronat)	9	Teikoku
		Steranabol (Acetat)	1, 3, 5	Farmitalia
		Turinabol inj. (Acetat)	12	Jenapharm
Dehydroiso-androsteron		17-Chetovis (Acetat)	5	Vister
		Diandrone	2	Organon
		Psicosterone	5	I.C.I.
Dihydrotesto-steron (n-Octyl-enol-äther)		Ectovis	5	Vister
		Ectovister	6	Drovyssa
Dimetazine		Dostalon	13	Richter
		Roxilon	5	Richter

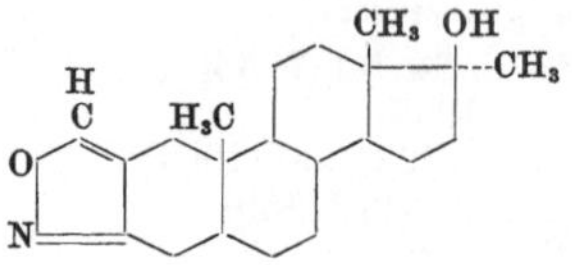

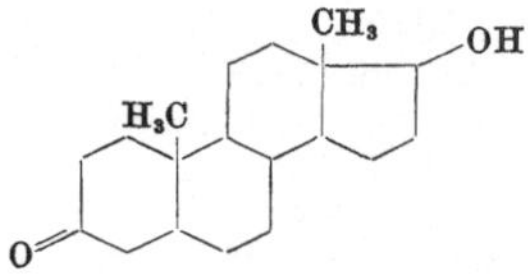

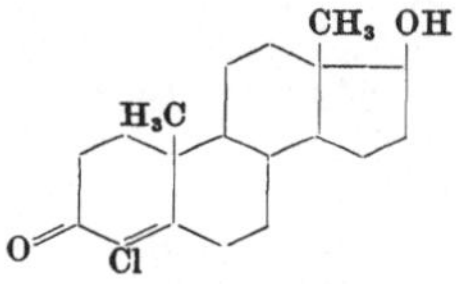

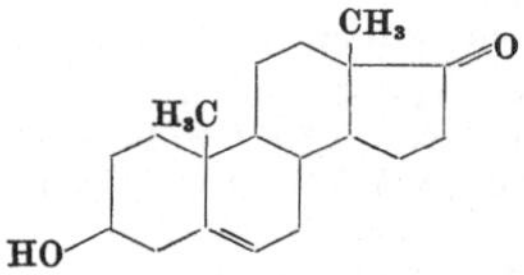

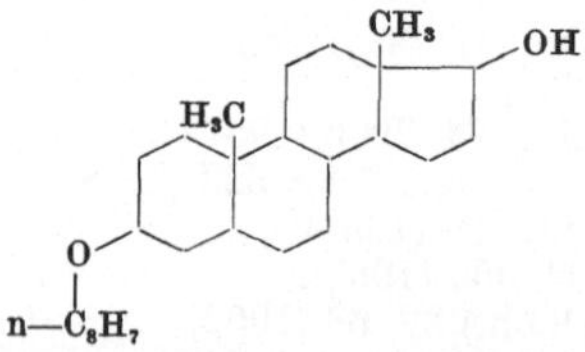

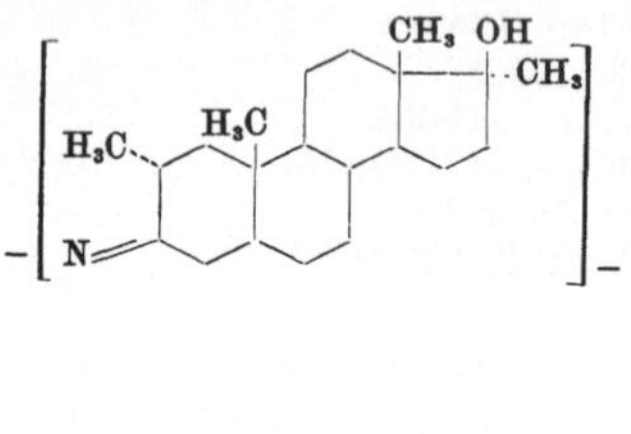

Stoffname	Strukturformel	Handelsname	Land*	Hersteller
Drostanolon	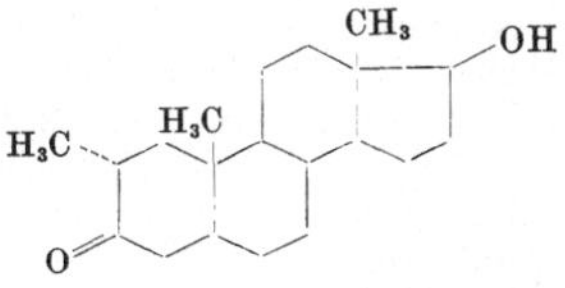	Drolban (Propionat)	7	Lilly
		Masteron (Propionat)	5 14 13	Recordati Sarva Syntex
		Mastizol (Propionat)	9	Shionogi
		Metormon (Propionat)	6	Latino
Ethylestrenol	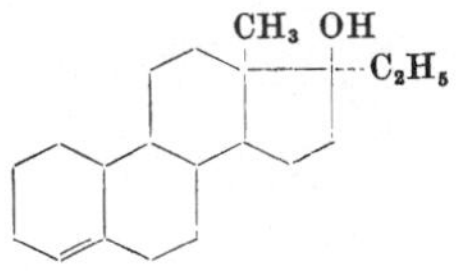	Durabolin-O	3	Organon
		Maxibolin	7	Organon
		Orabolin	2	Organon
		Orgabolin	1, 4, 5, 9 8	Organon Pharmacia
Methandro-stenolon	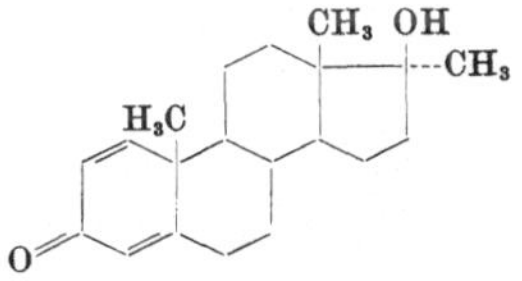	Abirol	9	Takeda
		Dianabol	1, 2, 3, 4, 5, 6, 7, 8	Ciba
		Geabol	15	Gea
		Nabolin	9	Eisaï
		Nerobil	16	Richter
		Vanabol	8	Vitrum
Methandriol	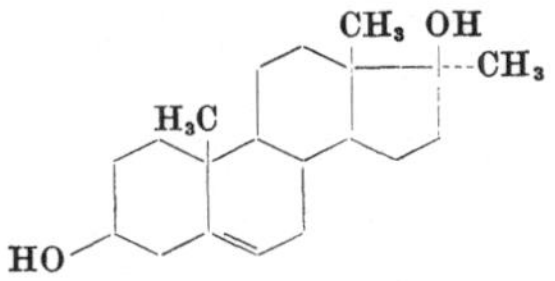	Diandrin	8	Astra
		Megabion	9	Teikoku
		Metilandro-stendiol	5	Schering A.G.
		Neosteron	1, 4, 5 8	Organon Pharmacia
		Neutrormone	5	ISI
		Notandron	1, 3	Boehringer (M.)
		Protandren	17	Ciba
		Stenediol	2, 7	Organon
	3-Propionat	Metilbisexovis	5	Vister
		Metilbisexovister	6	Drovyssa
		Metildiolo	5	Orma
	dipropionat	Anabolin	11	Rafa
		Metandiol	4	Roussel
	di-Oenanthoylacetat	Notandron-depot	1, 3	Boehringer (M.)
Methenolon	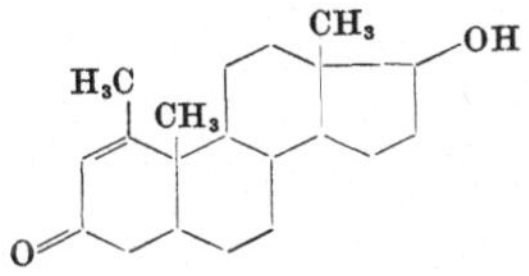	Nibal	7	Squibb (res.)
		Primobolan-acetat und -oenanthat	1, 2, 3, 4, 5, 6, 8, 9	Schering A.G.
Nandrolon	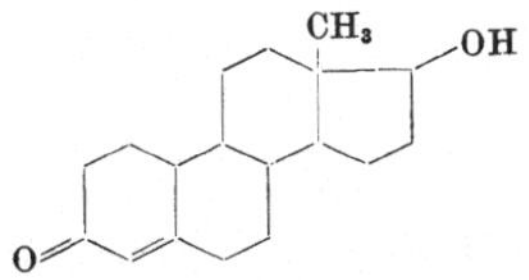			
	n-Capronat	Methybol-dèpot	17	Mepha
	Cyclohexylpropionat	Fherbolico	6	Fher
		Sanabolicum	18	Sanabo
	Cyclopentylpropionat	Sterocrinolo	5	Orma

Stoffname	Strukturformel	Handelsname	Land*	Hersteller
	Decanoat	Abolon	15	Benzon
		Deca-Durabol	8	Pharmacia
		Deca-Durabolin	1, 2, 3, 4, 5, 6, 7, 9	Organon
		Eubolin	5	Euterapica
	Phenylpropionat	Activin	6	Aristegui
		Durabol	8	Pharmacia
		Durabolin	1, 2, 3, 4, 5, 6, 7, 9	Organon
		Nerobolil	16	Richter
		Neutrosteron	19	Organon
	Furylpropionat	Demelon	9	Mochida
	Hemisuccinat	Menidrabol	5	Menarini
	Hexahydrobenzoat	Nor-Durandron	8	Ferring
	(Hexyloxylphenyl)-propionat	Anadur	1, 8	Leo-Lundbeck
	Laurat	Laurabolin	1	Organon (vet.)
	Propionat	Anabolicus-Serono	6	Ausonia
		Norybol	5	Serono
	Undecylat	Dynabolon	4	Theramex
Norbolethon	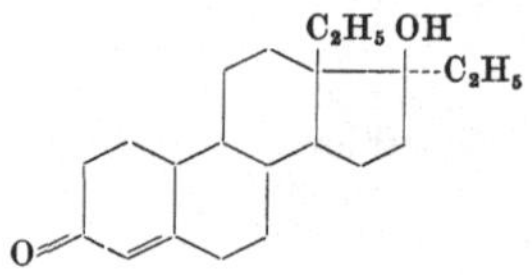	Genabol	7	Wyeth (res.)
Norethandrolon	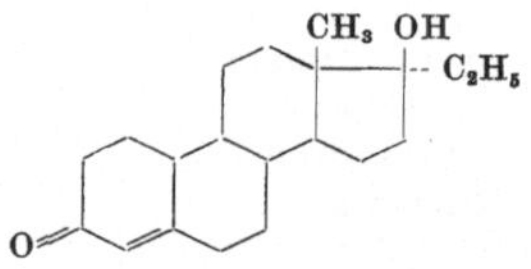	Nilevar	2, 4, 7	Searle
		Nor-Neutrormone	5	ISI
		Pronabol	20	Isis
		Solevar (Propionat)	4	Byla
Oxabolon	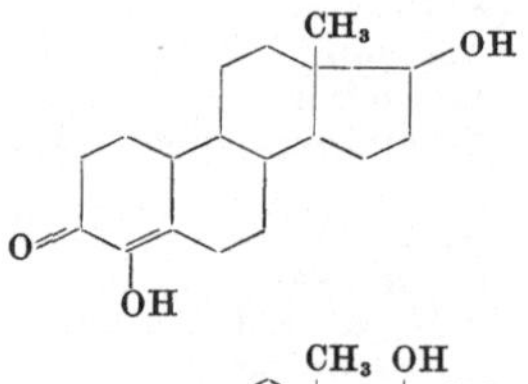	Steranabol-depot (Cypionat)	1, 5	Farmitalia
Oxandrolon	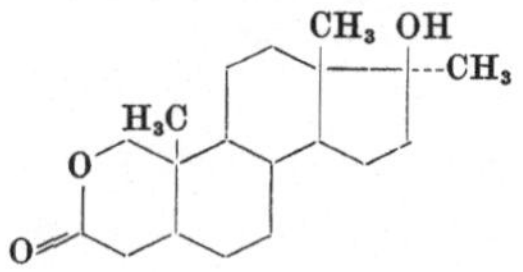	Anavar	7	Searle
Oxymesteron	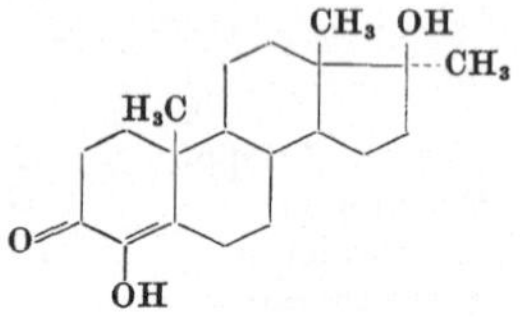	Oranabol	1, 3, 5	Farmitalia
			8	Kabi
			6	Lipfa
			2	May & Baker
		Sanaboral	11	Ikapharm
		Theranabol	4	Theraplix

Stoffname	Strukturformel	Handelsname	Land*	Hersteller
Oxymetholon	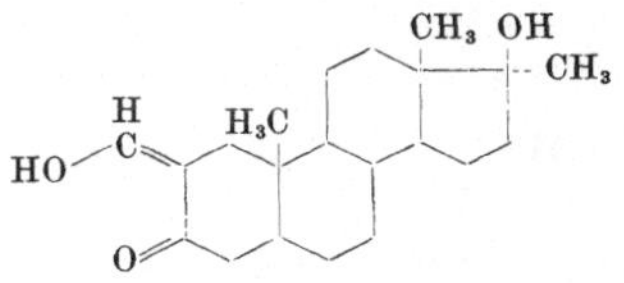	Adroyd	7, 8 9	Parke-Davis Sankyo
		Anadrol	9 7	Shionogi Syntex
		Anadroyd	1	Parke-Davis
		Anapolon	2	I.C.I.
		Anasteron	13	Syntex
		Anasterona	5	Latino
		Nastenon	4	Cassenne
		Protanabol	5	Recordati
		Synasteron	14	Sarva
Quinbolon	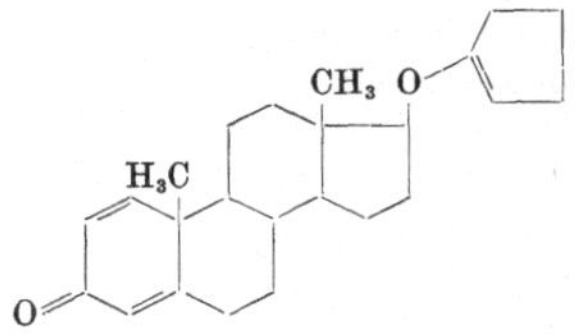	Anabolivis	5	Vister (res.)
Stanazolol	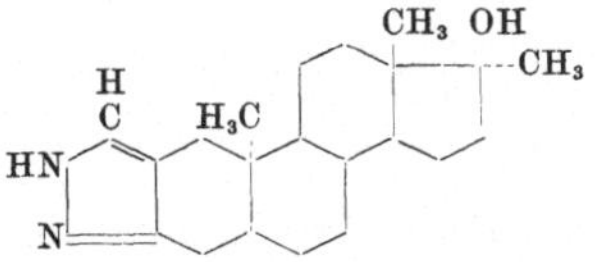	Stromba	1, 2, 3, 4, 8	Winthrop
		Tevabolin	11	Teva
		Winstrol	9 7 5	Yamanouchi Winthrop Zambon
Tiomesteron	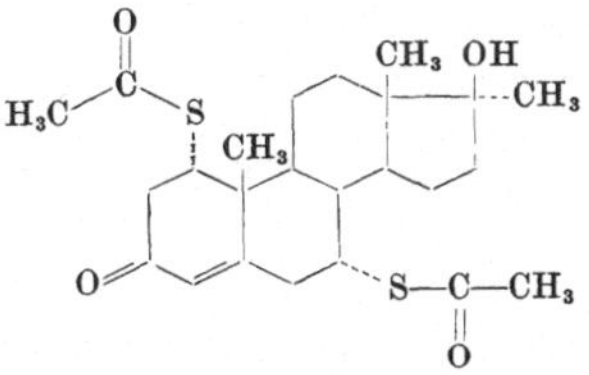	Emdabol	3	Merck A.G.
	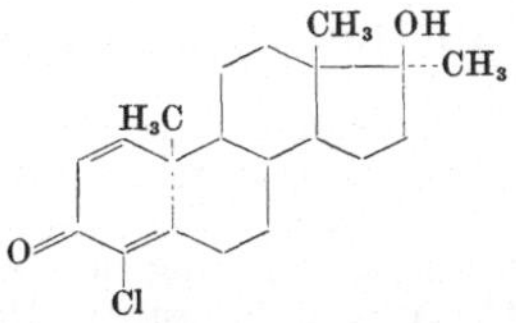	Turinabol tabl.	12	Jenapharm

* Ländercode: 1 Niederlande; 2 Großbritannien; 3 West-Deutschland; 4 Frankreich; 5 Italien; 6 Spanien; 7 Vereinigte Staaten; 8 Schweden; 9 Japan; 10 Finnland; 11 Israel; 12 Ost-Deutschland; 13 Mexiko; 14 Belgien; 15 Dänemark; 16 Ungarn; 17 Schweiz; 18 Österreich; 19 Brasilien; 20 Portugal.

Literatur

AHREN, K., A. ARVILL, and A. HJALMARSON: Effect of testosteronephenylpropionate and 19-nortestosteronephenylpropionate on the seminal vesicles, the levator ani muscle and the mammary glands of castrated male rats. Acta endocr. (Kbh.) **39**, 584 (1962).

APOSTOLAKIS, M., D. MATZELT u. K. D. VOIGT: Der Einfluß von Testosteronpropionat auf glykolytische und transaminierende Enzymaktivitäten. Biochem. Z. **337**, 414 (1963).

ARIAS, J. M.: The effects of anabolic steroids on liver function. In: Protein Metabolism, p. 434. Berlin-Göttingen-Heidelberg: Springer 1962.

— S. GOLDFISCHER, E. ESSNER, and A. NOVIKOFF: The effect of 17-ethyl-19-nortestosterone and icterogenin on the hepatic metabolism of bilirubin in normal and Gunn rats. J. clin. Invest. **40**, 1023 (1961a).

— L. JOHNSON, and S. WOLFSON: Biliary excretion of injected conjugated and unconjugated bilirubin by normal and Gunn rats. Amer. J. Physiol. **200**, 1091 (1961b).

ARNOLD, A., G. O. POTTS, and A. L. BEYLER: Androstanazole. A. New orally active anabolic steroid. Proc. Soc. exp. Biol. (N.Y.) **102**, 184 (1959).

— — — Relative anabolic activity of certain orally active steroids. Fed. Proc. **21**, 212 (1962).

— — — Evaluation of the protein anabolic properties of certain orally active anabolic agents, based on nitrogen balance studies in rats. Endocrinology **72**, 408 (1963).

— — — Relative oral anabolic to androgenic activity ratio's of androisozaxole, ethylestrenole, methylandrostenolisoxazole and testosterone. Acta endocr. (Kbh.) **44**, 490 (1963).

ASCHKENAZY, A.: Etude expérimentale de l'action protido-anabolisante ainsi que de la toxicité aigue et chronique de la 17-éthyl-19-nor-testostérone. Thérapie **14**, 332 (1959).

ATWATER, N. W.: 4-Substituted steroids. J. Amer. chem. Soc. **82**, 2847 (1960).

BAJUSZ, E.: Effects of hormones upon regression of muscle atrophy of nervous origin. Endocrinology **64**, 262 (1959).

BALDRATTI, G.: La valutazione biologica dell'attivita anabolica. Abstr. Congr. Horm. Steroids Milan, 69 (1962).

— G. SALA e G. MARS: Azione del 4-clorotestosterone acetato e del 4-cloro-19-nortestosterone acetato sull'ipotrofia surrenale indotta da cortisone. Boll. Soc. ital. Biol. sper. **33**, 342 (1957).

BARNES, L. E.: A comparison of myotrophic and androgenic activities of testosteronepropionate with 19-nor-testosterone and its esters. Endocrinology **55**, 77 (1954).

— Comparison of myotrophic and androgenic activities of 19-nor-testosterone cyclopentylpropionate, androstanolone and methylandrostenediol. Proc. Soc. exp. Biol. (N.Y.) **87**, 35 (1954).

BARRY, M. C., M. L. EIDINOFF, K. DOBRINER, and T. F. GALLAGHER: The fate of C 14-testosterone and C-14-progesterone in mice and rats. Endocrinology **50**, 587 (1952).

BÉRANGER, A., J. C. CRYBA, L. DUMONT et M. C. PINATEL: La réponse pondérale du muscle releveur de l'anus du rat, utilisée comme test d'activité anabolique de certains stéroides. Etude critique. C. R. Soc. Biol. (Paris) **157**, 831 (1963).

BERCZELLER, P. H., and H. S. KUPPERMAN: The anabolic steroids. Clin. Pharmacol. Ther. **1**, 464 (1960).

BERNELLI-ZAZZERA, A.: Action of testosterone propionate and 4-chlorotestosterone acetate on protein synthesis in vitro. Nature (Lond.) **182**, 663 (1958).

BEYLER, A. L.: Influence of molecular unsaturation on hormonal activity pattern of certain heterocyclic steroids. Endocrinology **68**, 987 (1961).

BLASIUS, R., K. KÄFER u. W. SEIZ: Untersuchungen über die Abhängigkeit von androgener Wirkung und proteinaufbauendem Effekt der Steroidhormone auf die contractilen Muskelproteine des Herzen. Klin. Wschr. **35**, 308 (1957).

BODO, R. C. DE, and N. ALTSZULER: The metabolic effects of growth hormone and their physiological significance. Vitam. and Horm. **15**, 205 (1957).

BOOIJ, JOH., and KUYPERS: The haemopoietic effect of nandrolone-phenylpropionate (Durabolin). Acta physiol. pharmacol. neerl. **11**, 12 (1962).

BORGMAN, R. F.: Increased survival time in dystrophic mice treated with methyl-androstenediol-dienanthoylacetate. Nature (Lond.) **197**, 1304 (1963).

BOURLIERE, F., H. CENDRON et B. TESNIÈRE: Comparaison de l'action frénatrice de quelques stéroides sur la parte d'azote, chez le rat adulte et âgé. C. R. Soc. Biol. (Paris) **152**, 1636 (1958).

BRODE, E., u. H. WEIFENBACH: Die Anwendbarkeit der Rezeptortheorie bei der pharmakologischen Prüfung spezifischer Substanzen. Arzneimittel-Forsch. **13**, 1049 (1963).

BUTENANDT, A., H. GÜNTHER u. F. TURBA: Zur primären Stoffwechselwirkung des Testosterons. Hoppe-Seylers Z. physiol. Chem. **322**, 28 (1958).

CAMERINO, B.: Synthesis and anabolic activity of 4-substituted testosterone analogs. J. Amer. chem. Soc. **78**, 3540 (1956).

—, and G. SALA: Anabolic steroids. In: E. JUCKER, Progress in drug research, Vol. II, p. 71. New York: Interscience Publishers Inc. 1960.

CAMPBELL, J. A., and J. C. BABCOCK: The synthesis of some 7α- and 7β-methyl steroid hormones. J. Amer. chem. Soc. **81**, 4069 (1959).

— S. C. LYSTER, G. W. DUNCAN and J. C. BABCOCK: 7-α-Methyl-19-norsteroids; a new class of potent anabolic and androgenic hormones. Steroids **1**, 317 (1963).

CAVALLERO, C.: Biological activity of new derivatives of testosterone. Acta endocr. (Kbh.), Suppl. **38**, 46 (1958).

CEKAN, Z., Z. VERSELY, J. FAJKOS, and F. SORM: On the protracted action of androst-2-en-17β-ol. Steroids **5**, 113 (1965).

CERQUIGLINI, S., e M. MARCHETTI: Potere miotrofico di un nuevo anabolizzante attivo per via orale: l'etilestrenolo. Policlinico, Sez. **51**, 1895 (1961).

CIPERA, J. D., B. B. MIGOVSKY, and L. F. BELANGER: Effect of norethandrolone on selected connective tissues. Canad. J. Biochem. **43**, 1235 (1965).

CLARK jr., L. C., C. D. KOCHAKIAN, and R. P. FOX: The effect of castration and testosterone propionate on d-amino acid oxidase activity in the mouse. Science **98**, 89 (1943).

CLINTON, R. O., A. J. MANSON, F. W. STONNER, H. C. NEUMAN, R. G. CHRISTIANSEN, R. L. CLARKE, J. H. ACKERMAN, D. F. PAGE, J. W. DEAN, W. B. DRECKINSON, and C. CARABATEAS: Steroidal (3,2-c) pyrazoles: II. Androstanes, 19-norandrostanes and their unsaturated analogs. J. Amer. chem. Soc. **83**, 1478 (1961).

COLTON, F. B., L. N. NYSTED, B. RIEGEL, and A. L. RAYMOND: 17-Alkyl-19-nortestosterones. J. Amer. chem. Soc. **79**, 1123 (1957).

COSTA, G., C. D. KOCHAKIAN, and J. HILL: Effect of testosterone on the incorporation of glycine-2-C^{14} in guinea pig tissues. Endocrinology **70**, 175 (1962).

CROSS, A. D., I. T. HARRISON, P. CRABBÉ, F. A. KINCL, and R. I. DORFMAN: Potent orally active anabolic steroids. Steroids **4**, 229 (1964).

DAVIS, J. S., R. K. MEYER, and W. H. MCSHAN: Effect of androgen and estrogen on succinic dehydrogenase and cytochrome oxidase of the rat prostate and seminal vesicle. Endocrinology **44**, 1 (1949).

DESAULLES, P. A.: Les hormones anabolisantes du point de vue expérimental. Helv. med. Acta **27**, 479 (1960).

— Evaluation of the properties of long acting anabolic steroids. Int. Steroid Congr. Milan 1962.

—, and C. KRÄHENBÜHL: Differentiation of action of various anabolic steroids. In: Protein Metabolism, p. 170. Berlin-Göttingen-Heidelberg: Springer 1962.

— — W. SCHULER et H. J. BEIN: Etude expérimentale du Dianabol, un nouvel anabolisant. Schweiz. med. Wschr. **89**, 1313 (1959).

DICZFALUSY, E.: A new class of long-acting steroid hormone esters. Acta endocr. (Kbh.) **35**, 59 (1960).

DORFMAN, R. I., and F. A. KINCL: Relative potency of various steroids in an anabolic-androgenic assay using the castrated rat. Endocrinology **72**, 259 (1963).

DOWBEN, R. M.: Prolonged survical of dystrophic mice treated with 17α-ethyl-19-nortestosterone. Nature (Lond.) **184**, 1966 (1959).

— L. ZUCKERMAN, P. GORDON, and S. P. SNIDERMAN: Effects of steroids on the course of hereditary muscular dystrophy in mice. Amer. J. Physiol. **206**, 1049 (1964).

DREWS, J., E. FÖLSCH u. H. GRUNZE: Zur anabolen Wirkung von 1-Methyl-Δ^1-androstenolonazetat auf das Sarkom 180 und die Wirtsgewebe der Maus. Z. ges. exp. Med. **138**, 265 (1964a).

— — E. KEUCHEL u. H. GRUNZE: Über den Einfluß anaboler Steroide auf Wachstum und Proteingehalt des Ehrlich-Ascites-Tumors und der Wirtsgewebe. Verh. dtsch. Ges. inn. Med. **70**, 434 (1964).

DROBECK, H. P., F. COULSTON, A. L. BEYLER, and G. O. POTTS: Evaluation of the anabolic, hormonal, erythropoietic and pathologic properties of stanazolol. Exp. Mol. Path., Suppl. **2**, 115 (1963).

DUCOMMUN, P., S. DUCOMMUN et M. BAQUICHE: Comparaison entre l'action du 17-ethyl-19-nor-testostérone et du propionate de testosterone chez le rat adulte et immature. Acta endocr. (Kbh.) **30**, 78 (1959).

DURAND, N.: Influence de la castration sur la vitesse de régénération des membres chez le triton, Trituris alpestris Laur. C. R. Soc. Biol. (Paris) **157**, 821 (1963).

EDGREN, R. A.: A comparative study of the anabolic and androgenic effects of various steroids. Acta endocr. (Kbh.), Suppl. 87 (1963).

—, and H. SMITH: Wy 3475, a new, potent, orally active anabolic agent. Abstr. I. Intern. Congr. Horm. Steroids Milan, 68 (1962).

— — G. A. HUGHES, L. L. SMITH, and G. GREENSPAN: Biological effects of racemic and resolved 13β-ethyl-4-gonen-3-ones. Steroids **2**, 731 (1963).

EISENBERG, E., and G. S. GORDON: The levator ani muscle of the rat as an index of myotrophic activity of steroidal hormones. J. Pharmacol. exp. Ther. **99**, 38 (1950).

ERCOLI, A.: Derivati eterei degli steroidi ormonali. Abstr. Congr. Horm. Steroids Milan 66 (1962).

FALCONI, G.: Azione anabolizzante di nuovi eteri steroidale sprovvisti di gruppi alchilico al C 17, attivi per via orale et parenterale. Abstr. Congr. Horm. Steroids Milan 66 (1962).

FARBER, E., and H. POPPER: Production of acute pancreatitis with ethionine and its prevention by methionine. Proc. Soc. exp. Biol. (N.Y.) **74**, 838 (1950).

FEYEL-CABANES, T.: Etude biologique d'un analogue triènique de la méthyltestosterione. C. R. Soc. Biol. (Paris) **157**, 1428 (1963).

— Étude biologique complémentaire d'un analogue triénique de la méthyltestostérone. Ann. Endocr. (Paris) **26**, 95 (1965).

FIESER, L. F., and M. FIESER: Steroids. New York: Reinhold Publ. Corp. 1959.

FINNEY, D. J.: Statistical method in biological assay. London: Griffin & Co. 1952.

FISHMAN, W. H.: Mechanism of action of steroid hormons, p. 157. Oxford: Pergamon Press 1961.

FORBES, R. M., A. R. COOPER, and H. H. MITCHELL: The composition of the adult human body as determined by chemical analysis. J. biol. Chem. **203**, 359 (1953).

FOX, M., A. S. MINOT, and G. W. LIDDLE: Oxandrolone: a potent anabolic steroid of novel chemical configuration. J. clin. Endocr. **22**, 921 (1962).

FRIED, W., and H. GURNEY: Erythropoietic effect of plasma from mice receiving testosterone. Nature (Lond.) **206**, 1160 (1965).

FRIEDEN, E. H., E. H. COHEN, and A. A. HARPER: The effects of steroid hormones upon amino acid incorporation into mouse kidney homogenates. Endocrinology **68**, 862 (1961).

— A. A. HARPER, F. CHIN, and W. H. FISHMAN: Dissociation of androgen-induced enzyme synthesis and amino acid incorporation in mouse kidney by actinomycin D. Steroids **4**, 777 (1964).

GAARENSTROOM, J. H., u. A. KRET: Over den invloed van groeihormoon op den skeletspier groei en op de stikstofuitscheiding. Roy. Acad. Sci. Amst. **48**, 537 (1945).

GOLDFISCHER, S., L. M. ARIAS, E. ESSNER, and A. B. NOVIKOFF: Cytochemical and electron microscopic studies of rat liver with reduced capacity to transport conjugated bilirubin. J. exp. Med. **115**, 467 (1962).

GOLDMAN, J. N., J. A. EPSTEIN, and H. S. KUPPERMAN: A comparison of the pituitary-inhibiting, anabolic and androgenic effects of norethandrolone in the parabiotic rat. Endocrinology **61**, 166 (1957).

GORDAN, G. S., H. M. EVANS, and M. E. SIMPSON: Effects of testosterone propionate on body weight and urinary nitrogen excretion of normal and hypophysectomized rats. Endocrinology **40**, 375 (1947).

HAYES, K. J.: The so-called "Levator Ani" of the rat. Acta endocr. (Kbh.) **48**, 337 (1965).

HERR, M. E., J. A. HOGG, and R. H. LEVIN: Synthesis of potent oral anabolic-androgenic steroids. J. Amer. chem. Soc. **78**, 500 (1956).

HERSHBERGER, L. G., E. G. SHIPLEY, and R. K. MEYER: Myotrophic activity of 19-nortestosterone and other steroids determined by modified levator ani muscle method. Proc. Soc. exp. Biol. (N.Y.) **83**, 175 (1953).

HOAGLAND, M. B., P. C. ZAMECNIK, and M. L. STEPHENSON: Intermediate reactions in protein synthesis. Biochim. biophys. Acta (Amst.) **24**, 215 (1957).

HÖRCHNER, P.: De invloed van testosteronpropionaat op de fosfolipidesynthese in de zaadblaas. Thesis, Leiden 1964.

HOLTEN, P. G., and E. NECOCCHEA: Steroids. CLXXV. Further steroidal anabolic agents. J. med. pharm. Chem. **5**, 1352 (1962).

HOLTKAMP, D. E., A. E. HEMING, and L. F. MANSON: Comparison of oral and subcutaneus administration in the anabolic and androgenic effectiveness of 19-nor-testosterone and testosterone. J. clin. Endocr. **15**, 848 (1955).

IRIARTE, J.: Steroids. CVIIΔ 5(6)-19-nor-steroids, a new class of potent anabolic agents. J. Amer. chem. Soc. **81**, 436 (1959).

IRMSCHER, K., H. G. KRAFT, and K. BRÜCKNER: Synthesis and anabolic activity of 3-methylene- and 3-methyl-steroids of the androstane and 19-nor-androstane series. J. med. Chem. **7**, 345 (1964).

JACOB, F., and J. MONOD: Genetic regulatory mechanisms in the synthesis of proteins. J. molec. Biol. **3**, 318 (1961).

JELINÉK, J., J. MIKULÁSKOVÁ, H. VESELA, K. JELINEK and B. PELC: The effect of some steroid compounds on compensatory hypertrophy and regenerative processes. Biochem. Pharmacol. **12**, Suppl. 219 (1963).

JONGH, S. E. DE, J. SCHIERNECKER, and G. VAN WIERINGEN: Remarks on the anabolic effect of testosterone. Acta physiol. pharmacol. neerl. **1**, 294 (1950).

JUNKMANN, K., u. G. SUCHOWSKY: Untersuchung anabol wirksamer Steroide. Arzneimittel-Forsch. **12**, 214 (1962).

KASSENAAR, A., A. KOUWENHOVEN, and A. QUERIDO: On the metabolic action of testosterone and related compounds. Acta endocr. (Kbh.) **39**, 223 (1962).

— A. QUERIDO, and A. HAAK: Effects of anabolic steroids on nucleic acid and protein metabolism. In: Protein Metabolism, p. 222. Berlin-Göttingen-Heidelberg: Springer 1962.

KIMBEL, K. H., K. H. KOLB u. P. D. SCHULZE: Resorption, Verteilung und Ausscheidung eines neuen, anabol wirksamen Steroids, 1-Methyl-Δ1-androsten-17β-ol-3-on-17-acetat, im Tierversuch. Arzneimittel-Forsch. **12**, 223 (1962).

KINCL, F., and R. A. DORFMAN: Anabolic-androgenic potency of various steroids in a castrated rat assay. Steroids **3**, 109 (1964).

KLEMM, G.: Versuche zur Verhinderung der Äthionin-Pankreatitis durch ein Anabolikum (Durabolin) und zur Wirkung bestimmter Hormone und Operationen auf die Plasmaamylase. Diss. Rostock 1962.

KLIMSTRA, P. D., and R. E. COUNSELL: A-ring conjugated enone androstane derivatives. J. med. Chem. **8**, 48 (1965).

KNOX, L. H., and E. VELARDO: 2α-Hydroxymethyl-androstane derivatives. J. Org. Chem. **27**, 3925 (1962).

KOCHAKIAN, C. D.: The protein anabolic effects of steroid hormones. Vitam. and Horm. **4**, 255 (1946).
— The role of hydrolytic enzymes in some of the metabolic activities of steroid hormones. Recent Progr. Hormone Res. **1**, 177 (1947).
— Comparison of protein anabolic property of various androgens in the castrated rat. Amer. J. Physiol. **160**, 53 (1950a).
— Comparison of the protein anabolic property of testosteronepropionate in the male and female rat. Amer. J. Physiol. **160**, 62 (1950b).
— Comparison of protein anabolic properties of testosteronepropionate and growth hormone in the rat. Amer. J. Physiol. **160**, 66 (1950c).
— Renotrophic-androgenic properties of orally administered androgens. Proc. Soc. exp. Biol. (N.Y.) **80**, 386 (1952).
— Summation of protein anabolic effects of testosterone propionate and growth hormone. Proc. Soc. exp. Biol. (N.Y.) **103**, 196 (1960).
— Die anabole und androgene Aktivität von Androgenen. Klin. Wschr. **39**, 881 (1961).
— Mechanism of action of steroid hormones, p. 154. Oxford: Pergamon Press 1961.
— Effect of castration and testosterone on protein biosynthesis in guinea pig tissue preparations. Acta endocr. (Kbh.), Suppl. **92** (1964).
—, and G. COSTA: The effect of testosterone propionate on the protein and carbohydrate metabolism in the depancreatized castrated dog. Endocrinology **65**, 298 (1959).
— J. HILL, and S. ANOUMA: Regulation of protein biosynthesis in mouse kidney. Endocrinology **72**, 354 (1963).
— J. G. MOE, and J. DOLPHIN: Protein anabolic effect of testosterone propionate in adrenalectomized and normal rats. Amer. J. Physiol. **162**, 581 (1950).
—, and J. R. MURLIN: The effect of male hormone on the protein and energy metabolism of castrate dogs. J. Nutr. **10**, 437 (1935).
— E. ROBERTSON, and M. M. BARLETT: Sites and nature of protein anabolism stimulated by testosterone propionate in the rat. Amer. J. Physiol. **163**, 332 (1950).
KOLB, K. H., K. H. KIMBEL u. P. E. SCHULZE: Der Einfluß verschiedener anabol wirksamer Steroide auf die Farbstoffausscheidung in die Rattengalle. Arzneimittel-Forsch. **12**, 228 (1962).
KORNER, A.: Action of hormones at the cellular level. The effect of growth hormone on protein synthesis. In: Protein metabolism, p. 8. Berlin-Göttingen-Heidelberg: Springer 1962.
— Hormonal control of protein biosynthesis. Acta endocr. (Kbh.), Suppl. **100**, 20 (1965).
— and F. G. YOUNG: The influence of methylandrostenediol on the body weight and carcass composition of the rat. J. Endocr. **13**, 78 (1955).
— — The effect of methylandrostenediol on the weight and protein content of muscles and organs of the rat. J. Endocr. **13**, 84 (1955).
KOWALEWSKI, K.: Comparison of the effects of cortisone and certain anabolic-androgenic steroids on the uptake of radiosulfur in a healing fractured bone. Endocrinology **62**, 493 (1958).
— Effects of steroids on bone formation. In: Protein Metabolism, p. 238. Berlin-Göttingen-Heidelberg: Springer 1962.
— Changes in the growth and body composition of suckling rats caused by the treatment of lactating mothers with steroid hormones. Its relation to litter size. Endocrinology **76**, 1089 (1965).
—, and G. BEKESI: Observations on tissue oxygen consumption and glycolysis in rats treated with anabolic androgens. Acta endocr. (Kbh.) **33**, 406 (1960).
KRÄHENBÜHL, CH.: Effets de la fluoxymestérone et de la méthyltestostérone appliqués par voie orale chez le rat male hypophysectomisé. Acta endocr. (Kbh.) **37**, 394 (1961).
KRÄMER, J. M., K. BRÜCKNER, K. IRMSCHER u. K. H. BORK: Darstellung von Mercapto-substituierten 3-Keto-steroiden der Androstan-Reihe. Chem. Ber. **96**, 2803 (1963).

KRAFT, H. G., u. K. BRÜCKNER: Anabole und androgene Wirksamkeit von thiosubstituierten Steroiden der Androstan-Reihe. Arzneimittel-Forsch. **14**, 328 (1964).

—, u. H. KIESER: Experimentelle Untersuchungen mit 1α,17α-Bis-(acetylthio)-17β-hydroxy-17α-methylandrosten-(4)-on-(3). Arzneimittel-Forsch. **14**, 330 (1964).

LANGECKER, H.: Das Schicksal von 1-Methyl-Δ^1-androsten-17β-ol-3-on im menschlichen Organismus. Arzneimittel-Forsch. **12**, 231 (1962).

LARON, Z., and A. KOWADLO: Fat mobilizing effect of testosterone. Metabolism **12**, 588 (1963).

— — B. Z. ARIE, I. KALISH, and S. KENDE: Interaction between 19-nor-androstenolone phenylpropionate (Durabolin) and 6-methylprednisolone (Medrol) on the bones of rats fed a low calcium diet. Israel J. exp. Med. **11**, 41 (1963).

—, and A. KOWADLO-SILBERGELD: Further evidence for a fat mobilizing effect of androgens. Acta endocr. (Kbh.) **45**, 427 (1964).

LEATHEM, J.: The influence of nutrition and nutritional status on the effect of androgens and anabolic agents. In: Protein Metabolism, p. 202. Berlin-Göttingen-Heidelberg: Springer 1962.

LEIBETSEDER, J., u. K. STEININGER: Untersuchung der anabolen und androgenen Wirkung einiger Steroide bei Ratten. Arzneimittel-Forsch. **15**, 474 (1965).

LENNON, H. D., and F. J. SAUNDERS: Anabolic activity of 2-oxa-17α-methyldihydrotestosterone (Oxandrolone) in castrated rats. Steroids **4**, 689 (1964).

LINEWEAVER, H., and D. BURK: The determination of enzyme dissociation constants. J. Amer. chem. Soc. **56**, 658 (1934).

LLAURADO, J. G.: Some effects of simultaneous administration of norethandrolone and cortisone in the rat. Acta endocr. (Kbh.) **32**, 536 (1959).

LOECKER, W. DE: The effects of testosterone on the incorporation of glycine-U-C^{14} into the proteins and nucleic acids of skeletal muscle. Arch. int. Pharmacodyn. **153**, 69 (1965).

LORING, J., J. SPENCER, and C. VILLEE: Some effects of androgens on intermediary metabolism in muscle. Endocrinology **68**, 501 (1961).

LYSTER, S. C.: Androgenic and myotrophic properties of orally administered 9-fluoro-11-oxy-methyltestosterones. Endocrinology **58**, 781 (1956).

—, and G. W. DUNCAN: Anabolic, androgenic and myotropic activities of derivatives of 7α-methyl-19-nortestosterone. Acta endocr. (Kbh.) **43**, 399 (1963).

MANSON, A. J., F. W. STONNER, H. C. NEUMANN, R. G. CHRISTIANSEN, R. L. CLARKE, J. H. ACKERMAN, D. F. PAGE, J. W. DEAN, D. K. PHILLIPS, G. O. POTTS, A. ARNOLD, A, L, BEYLER, and R, O, CLINTON: Steroidal Neterocycles, VII. Androstano (2,3-d) isoxazoles and related compounds. J. med. Chem. **6**, 1 (1963).

MARCHETTI, M. P., e P. L. BALLESIO: Studio degli effetti biologici di un nuovo estere del 19-nor-androstenolone il 19-nor-androstenolone decanoato. Policlinico **68**, 1761 (1961).

METCALF, W., and J. BROICH: A rapid, reproducible and sensitive levator ani test for anabolic activity. Proc. Soc. exp. Biol. (N.Y.) **107**, 744 (1961).

MEYER, R. K., and L. G. HERSHBERGER: Effects of testosterone administration on acid soluble and insoluble glycogen in the levator ani muscle. Endocrinology **60**, 397 (1957).

MIRAND, E. A., A. S. GORDON, and J. WENIG: Mechanism of testosterone action in erythropoiesis. Nature (Lond.) **206**, 270 (1965).

NIMNI, M. E., and E. GEIGER: Non-suitability of levator ani method as an index of anabolic effect of steroids. Proc. Soc. exp. Biol. (N.Y.) **94**, 606 (1957).

NISHIDA, E.: Effects of administration of protein anabolic and other steroids on the bone in rats. Fol. endocr. Jap. **40**, 1345 (1965). Ref. Endocr. jap. **12**, 155 (1965).

NOWY, H., H. D. FRINGS u. H. FROST: Effekte von Anabolica auf den Herzmuskel. Arzneimittel-Forsch. **13**, 571 (1963).

— — — Effekte von Anabolica auf den Herzmuskel. Arzneimittel-Forsch. **13**, 747 (1963).

OVERBEEK, G. A.: De invloed van testosteronpropionaat op het bloedbeeld. Ned. T. Geneesk. **90**, 166 (1946).
— A. DELVER, and J. DE VISSER: Pharmacological comparisons of anabolic steroids (ethylestrenol, nandrolone esters). Acta endocr. (Kbh.), Suppl. **63**, 7 (1961).
— — — Anabolic properties of ethylestrenol. Acta endocr. (Kbh.) **40**, 133 (1962).
—, and M. TAUSK: The effect of testosterone propionate on the body-weight of monkeys. Biochem. J. **40**, 66 (1946).
— J. VAN DER VIES, and J. DE VISSER: Evaluation of long-acting anabolic steroids. In: Protein Metabolism, p. 185. Berlin-Göttingen-Heidelberg: Springer 1962.
—, and J. DE VISSER: A new substance with progestational activity. Acta endocr. (Kbh.) **22**, 318 (1956).
— — Nor-androstenolone phenylpropionate, a new potent anabolic ester. Acta endocr. (Kbh.) **24**, 209 (1957).
— — A comparison of the myotrophic and androgenic activities of the phenylpropionates and decanoate of testosterone and nandrolone. Acta endocr. (Kbh.) **38**, 285 (1961).
PALEUCEK, F.: Effects of an anabolic steroid on tetanic tension and fatigue of denervated rat gastrocnemius. Biochem. Pharmacol. **12** (Suppl.), 219 (1963).
PAPANICOLAOU, G. N., and E. A. FALK: General muscular hypertrophy induced by androgenic hormone. Science **87**, 238 (1938).
PETTENGILL, O., and W. H. FISHMAN: In vivo glycins-/-C^{14} incorporation studies of mouse kidney β-glucuronidase in response to androgenic stimulation. Endocr. Soc. Meeting Miami 1960.
PIOTTI, L. E., G. R. LOCATELLI e N. MONTALBETTI: Il valutazione degli effetti estrogeno, progestativo e antoginadotropo nell'esperimento. Bull. Soc. Med. Chir, Pavia **76**. 27 (1962).
— N. MONTALBETTI e G. R. LOCATELLI: Richerche sull'azione della 2,17α-dimetil-5α-androstan-17β-ol-3,3'-azina (dimetazina). I. Valutazione del rapporto fra effetto anabolico ed effetto androgeno nel ratto castrato. Bull. Soc. Med. Chir. Pavia **76**, 17 (1962).
POPPER, H., u. R. WIECHERT: Zur Synthese von 1-Methyl-Steroiden. Arzneimittel-Forsch. **12**, 213 (1962).
POTTS, G. O.: Myotrophic and androgenic activities of androstanazole. A new heterocyclic steroid. Proc. Soc. exp. Biol. (N.Y.) **103**, 383 (1960).
QUERIDO, A.: Some problems brought into focus. In: Protein Metabolism. Berlin-Göttingen-Heidelberg: Springer 1962.
RAIFORD, R. L., and H. Y. C. WONG: In vivo incorporation of acetate-1-C^{14} into cholesterol and fatty acids following testosterone-propionate administration. Circulat. Res. **11**, 753 (1962).
RANNEY, R. E., and V. A. DRILL: The ability of ethyl-19-nortestosterone to block ethionine induced fatty liver in rats. Endocrinology **61**, 476 (1957).
RAPALA, R. T.: Powerful anabolic. Med. News (N.Y.) No 101 (1964).
— R. J. KRAAY, and K. GERZON: The adamantylgroup in medicinal agents. II. Anabolic steroid 17β-adamantates. J. med. pharm. Chem. **8**, 560 (1965).
REISS, M., M. B. SIDEMAN, and E. S. PLICHTA: Comparison of the action of growth hormone, human chorionic gonadotrophin and an anabolic steroid in hypophysectomized rats. Acta endocr. (Kbh.) **49**, 366 (1965).
RENZI, A. A., and J. J. CHART: Interaction of methandrostenolone and adrenocortical hormones. Proc. Soc. exp. Biol. (N.Y.) **110**, 259 (1962).
RINGOLD, H. J., E. BATRES, O. HALPERN, and E. NECOCCHEA: Steroids. CV. 2-Methyl and 2-hydroxymethylene-androstane derivatives. J. Amer. chem. Soc. **81**, 427 (1959).
RINNE, U. K., and E. K. NÄÄTÄNEN: The effect of nor-androstenolon-phenylpropionate on the adrenal cortex and body weight of male rats. Acta endocr. (Kbh.) **27**, 415 (1958).
— — The effect of nor-androstenolon-phenylpropionate on the atrophy of the adrenal cortex and inhibition of growth induced by cortisone acetate. Acta endocr. (Kbh.) **27**, 423 (1958).

RIOTTON, G., and W. H. FISHMAN: β-Glucuronidase studies in inbred mice: androgenic hormones and kidney and urinary β-glucuronidase activity. Endocrinology **52**, 692 (1953).

SALA, G.: Myotrophic (anabolic) activity of 4-substituted testosterone analogs. Proc. Soc. exp. Biol. (N.Y.) **95**, 22 (1957).

—, and G. BALDRATTI: A long acting steroid: 4-hydroxy-19-nortestosterone-17-cyclopentylpropionate. Endocrinology **72**, 494 (1963).

SAUNDERS, F. J.: The duration of action of several androgenic-anabolic steroids. Acta endocr. (Kbh.) **26**, 345 (1957a).

— Comparative androgenic and anabolic effects of several steroids. Proc. Soc. exp. Biol. (N.Y.) **94**, 646 (1957).

SAUNDERS, H. L., B. STECIW, and A. KLINE: Effect of testosterone and insulin on skeletal muscle RNA. Endocrinology **71**, 314 (1962).

SAVINI, E. C.: Etude experimentale comparative des actions androgène et anabolisante de plusieurs stéroides à action prolongée. Thérapie **20**, 479 (1965).

SCHAFFNER, F., H. POPPER, and v. PEREZ: Changes in bile canaliculi produced by norethandrolone: electron microscopic study of human and rat liver. J. Lab. clin. Med. **56**, 623 (1960).

SCHWARZLOSE, W., u. F. HEIM: Der Einfluß von Methylandrostenolonacetat auf den Ribonucleinsäure- und Desoxyribonucleinsäuregehalt von Nieren, Muskulatur und Leber weiblicher weißer Mäuse. Arzneimittel-Forsch. **15**, 587 (1965).

SCOW, R. O.: Effect of testosterone on muscle and other tissues and on carcass composition in hypophysectomized, thyroidectomized and gonadectomized male rats. Endocrinology **51**, 42 (1952).

SEDA, M., and M. HÁVA: Mechanism of action of anabolic steroids. Čs. Fysiol. **11**, 532 (1962).

SEGALOFF, A.: The enhanced local androgenic activity of 19-nor-steroids and stabilization of their structure by 7α- and 17α-methyl-substituents to highly potent androgens by any route of administration. Steroids **1**, 299 (1963).

SELYE, H., and R. K. MISHRA: On the ability of methyltestosterone to counteract catabolism in diverse conditions of stress. Arch. int. Pharmacodyn. **11**, **444** (1958).

—, and S. RENAUD: On the anticatabolic and anticalcinotic effect of 17-ethyl-19-nor-testosterone. Amer. J. med. Sci. **235**, 1 (1958).

— B. TUCHWEBER, and M. L. JAQUIN: Protection by various anabolic steroids against dihydrotachysterol induced calcinosis and catabolism. Acta endocr. (Kbh.) **49**, 589 (1965).

SERIZAWA, J.: The relationship between anabolic effect and uterine increase effect of anabolic steroids. Takamine Kenyugo Nempo **13**, 154 (1961). Ref. Cancer Chemother. Abstr. **3**, 215 (1962).

SHULL, K. H., and E. BAUTISTA: Glucose-6-phosphatase activities in normal and in testosterone treated rats. Endocrinology **70**, 842 (1962).

SIREK, O. V., and C. H. BEST: The protein anabolic effect of testosterone propionate and its relationship to insulin. Endocrinology **52**, 380 (1953).

SMITH, H., G. A. HUGHES, G. H. DOUGLAS, D. HARTLEY, B. J. MCLOUGHLIN, J. B. SIDDALL, G. R. WENDT, G. C. BUZBY, D. R. HERBST, K. W. LEDIG, J. R. MCMENAMIN, T. W. PATTISON, J. SUIDA, J. TOKOLICS, R. A. EDGREN, A. B. A. JANSEN, B. GADSBY, D. H. R. WATSON, and P. C. PHILIPS: Totally synthetic (±)-13-alkyl-3-hydroxy and methoxy-gona-1,3,5(10)-trien-17-ones and related compounds. Experientia (Basel) **19**, 394 (1963).

SONDHEIMER, F., and Y. MAZUR: Synthesis of 4-methylated steroids. J. Amer. chem. Soc. **79**, 2906 (1957).

STAFFORD, R. O.: Influence of 19-nortestosterone cyclopentylpropionate on urinary nitrogen of castrate male rat. Proc. Soc. exp. Biol. (N.Y.) **86**, 322 (1954).

STUCKI, J. C., G. W. DUNCAN, and S. C. LYSTER: Anabolic and androgenic activities of 7α,17α-dimethyl-testosterone; a new anabolic steroid. Abstr. I. Intern. Congr. Horm. Steroids Milan 65 (1962).

— A. D. FORBES, J. S. NORTHAM, and J. J. CLARK: An assay for anabolic steroids employing metabolic balance in the monkey: The anabolic activity of fluoxymesterone and its 11-keto-analogue. Endocrinology **66**, 585 (1960).

SUCHOWSKI, G. K., u. K. JUNKMANN: Über zwei neue anabol wirksame Steroide. Klin. Wschr. **39**, 369 (1961).
— — Anabole Steroide und ihre Nebenwirkungen. Acta endocr. (Kbh.) **39**, 68 (1962).
— — Untersuchung anabol wirksamer Steroide. Arzneimittel-Forsch. **12**, 214 (1962).
TICHY, A., R. DOLECEK, and L. KABYSAY: Rozhl. Chir. **42**, 230 (1963). Zit. von H. LECOMPTE, Les anabolisants en cardiologie. Acta geront. Belg. **3**, 77 (1965).
THOMAS, J. A.: Norethandrolone-induced changes in hepatic phosphorylase activity. Metabolism **13**, 63 (1964).
TOMARELLI, R. M., and F. W. BERNHARDT: Oral anabolic activity of ($\pm$)-13β, 17α-diethyl-17β-hydroxygon-4-en-3-one (norbolethone) in a nitrogen retention assay. Steroids **4**, 451 (1964).
VANHA-PERTTULA, T. P. J.: The long-term effect of some androgenic and anabolic hormones on circulating eosinophils. Acta endocr. (Kbh.) **41**, 107 (1962).
VELLUZ, L., G. NOMINÉ, R. BUCOURT et J. MATHIEU: Un analogue triénique de la méthyltestostérone. C. R. Acad. Sci. (Paris) **257**, 569 (1963).
VIES, J. VAN DER: On the mechanism of action of nandrolone phenylpropionate and nandrolone decanoate in rats. Acta endocr. (Kbh.) **49**, 271 (1965).
VISCHER, E., CH. MEYSTRE u. A. WETTSTEIN: Herstellung weiterer 1-Dehydrosteroide auf mikrobiologischem Wege. Helv. chim. Acta **38**, 1502 (1955).
VISSER, J. DE, and G. A. OVERBEEK: Pharmacological properties of nandrolone decanoate. Acta endocr. (Kbh.) **35**, 405 (1960).
VOIGT, K. D., u. D. MATZELT: Aktuelle Probleme der Hepatologie, S. 164. Stuttgart: Georg Thieme 1962.
WAINMAN, P., and G. C. SHIPOUNOFF: The effects of castration and testosterone-propionate on the striated perineal musculature in the rat. Endocrinology **29**, 975 (1941).
WATTS, G. T., M. R. BADDELEY, R. WELLINGS, and J. EVANS: The nature of wound healing. Experimental tensile strength studies with Deca-Durabolin and S^{35}. Ann. Surg. **162**, 109 (1965).
WATZMAN, D., W. J. KINNARD, M. D. ACETO, and J. P. BUCKLEY: Effects of certain compounds on experimental muscular dystrophy. J. pharm. Sci. **51**, 1090 (1962).
WESTLING, H., and H. WETTERQUIST: Further observations on the difference in the metabolism of histamine in male and female rats. Brit. J. Pharmacol. **19**, 64 (1962).
WIED, D. DE: Effect of an anabolic steroid (nandrolonephenylpropionate on motor function in rats. Acta physiol. pharmacol. neerl. (in press).
WIERINGEN, G. VAN: The anterior hypophysis lobe and the animo-acid content of the blood. Arch. int. Pharmacodyn. **76**, 450 (1948).
WIJNANS, M., and C. A. DE GROOT: Contribution to the knowledge of the protein anabolic effect of testosterone propionate. Acta physiol. pharmacol. neerl. **3**, 85 (1953).
WILSON, J. D.: Localization of the biochemical site of action of testosterone on protein synthesis in the seminal vesicle of the rat. J. clin. Invest. **41**, 153 (1962a).
— Regulation of protein synthesis by androgens and estrogens. In: Protein Metabolism, p. 26. Berlin-Göttingen-Heidelberg: Springer 1962b.
WINTER, M. S. DE, C. M. SIEGMAN, and S. A. SZPILFOGEL: 17-alkylated-3-deoxo-19-nor-testosterone. Chem. and Ind. **1959**, 905.

Sachverzeichnis

Das Sachverzeichnis umfaßt nur die Stichworte der Kapitel I—III